U0802559

地球与生命

地球的变迁，生命跃进，46亿年全景图

〔日〕牛顿出版社 编

《科学世界》杂志社 译

科学出版社
北京

图字号：第01—2021—0547号

内 容 简 介

我们的地球有着海洋、陆地、大气以及无数繁盛其间的生物。这种景象是怎样产生的呢？本书以现在为出发点，回顾地球和生命走过的数十亿年历程。

地球和生命经历了多次"重大事件"：火山熔岩肆虐，导致大部分生物灭绝；全球突然变冷，导致整个地球被冻结。地球环境的变化促进了生物进化，反之，生命活动也会给全球环境带来重大改变。

地球和生命历史的旅程，可以追溯到数百万年前、上亿年前直至46亿年前星子撞击的那一刻。星子其实就是岩石。生命诞生于由岩石形成的地球上，发展到现在如此丰富的景象，确实令人惊讶。本书还将介绍生命的诞生和生物演化的机制等。希望大家阅读本书时，能像欣赏精美画卷那般享受地球和生命46亿年的景象。

科学雑誌 Newton
地球と生命 46億年のパノラマ（ニュートン別冊） 2016年1月5日第1刷
ISBN：978－4－315－52033－0
Newton Press 2016

本书仅限中华人民共和国境内（不包括香港、澳门特别行政区及中国台湾地区）销售发行。

图书在版编目（CIP）数据

地球与生命 ：地球的变迁，生命跃进，46亿年全景图/《科学世界》编辑部编．——北京 ：科学出版社，2018.9
ISBN 978－7－03－058700－8

Ⅰ．①地… Ⅱ．①科… Ⅲ．①地球演化－研究②生命 起源－研究 Ⅳ．①P311②Q10

中国版本图书馆CIP数据核字（2018）第205961号

责任编辑：孙天任、王亚萍/责任校对：闫 凯
责任印制：李 晴/封面设计：董 曼

科学出版社 出版
北京市东黄城根北街16号
邮政编码：100717
http://www.sciencep.com

北京盛通印刷股份有限公司 印刷
科学出版社发行 各地新华书店经销
*
2018年9月第 一 版 开本：889×1194 1/16
2024年3月第三次印刷 印张：10
字数：310 000

定价：88.00元

（如有印装质量问题，我社负责调换）

序

46亿年历史的地球，孕育并陪伴了至少38亿年之久的生命。生命的演化历程如同一株不断生长、枝繁叶茂的参天大树，它根植于地球远古的记忆中，绝大部分的树身都被历史的长河所淹没，现代生物学家能够看到的只不过是这株巨树露出水面的树梢。因此，我们要了解生命演化的真谛和历史全貌，就离不开对地球历史和环境的认识。

生命演化的实质就是生物与环境不断交织、协同演化的过程。从地球生命诞生的那一刻起，生物就一刻不停地改造着其赖以生存的地球环境，从肉眼看不见的细菌到曾经称霸一时的恐龙，再到如今似乎无所不能的人类，很难说谁才是生命世界真正的主宰。有研究表明，27亿年前的地球连天空都不是蓝色的，是蓝藻的出现逐渐改变了这一切，它们将大气中的甲烷等组分不断替换为氧气，带给了地球一个蔚蓝色的天空。22亿年前，蓝藻光合作用从大气中吸收了大量的二氧化碳，这导致地球变得越来越冷，直至进入了地球历史上第一个大冰期。

环境对生命演化的影响无疑是巨大的。地球环境对生物的影响可谓形形色色，可以是波涛汹涌，也可为涓涓细流。沧海桑田、海陆变迁，如同变幻的舞台，芸芸众生穿梭其间。大海的风云变幻，大陆的聚合离散，真可谓“分久必合，合久必分”，伴随的是生物的“亲离子散”。置身如此的环境变化中，生命方显如此弱小。曾经还是南极洲、澳洲和非洲是“兄弟”的印度板块，5000万年前在北征的途中和欧亚大陆相聚。没有这次历史的碰撞，我们今天将无法领略喜马拉雅最高峰的宏伟，更不会看到青藏高原生物独特的风景。

没有生命的地球尽管也不寂静，但有了生命，地球才从此变得生机勃勃、绚丽多姿。在地球生命38亿年的演化史中，细菌和藻类曾长时间占据统治地位。由于蓝藻在茫茫大海中繁忙地进行光合作用，导致大气中的氧气含量越来越多，终于有一天，大气中有了足够的氧气，生命才开始了复杂化的过程，变得充满了活力。地球生命在度过了6亿～8亿年前被称为“雪球地球”的大冰期之后，迎来了新的生机。6亿年前有了多细胞的生物，5亿多年前的寒武纪出现了生命“大爆发”，开启了海洋动物的乐园和三叶虫的时代，然后是腕足动物的大发展，鱼类的时代也随之登场。

到了4亿年前，植物开始了大规模的登陆，逐渐有了最原始的森林，植物的到来让陆地发生了天翻地覆的大变化，从一个毫无生机的荒凉世界变成了大海之外的第二个生命乐园，地球表面第一次有了土壤和更加绚丽的色彩。紧接着，昆虫成为新一轮的“登陆者”，四足动物的登陆也接踵而至，从此，地球变得更加热闹和喧嚣。

地球环境的剧变注定了生物的演化也不是一帆风顺的。地球历史上曾经发生过几次引人注目的大灭绝事件（其中最著名的恐怕是2.5亿年前的有史以来最大规模的生物灭绝，以及6600万年前那次恐龙等生物的灭绝），生物种类因此急剧减少，如同生命演化乐章中的一个个休止符。至于原因究竟是大规模的火山喷发还是小行星的撞击，抑或是海平面的快速下降，科学家们还在孜孜不倦地探索。

地球生命发源于海洋，而后登上陆地，最后才飞向天空。最早征服蓝天的生物是昆虫，3亿年前大自然造就了第一对翅膀，2亿年前翼龙学会了飞翔；1.5亿年前轮到了鸟类；再往后，大约4000万年前才是蝙蝠。昆虫、翼龙、鸟类和蝙蝠都是成功的飞行家，不过成功者的背后还有着许许多多的探索者，它们只是学会了滑翔或简单的飞行，其中有四只翅膀的恐龙、皮膜翼的恐龙、滑翔的蜥蜴和哺乳类等。鸟类征服了无际的天空，才获得了发展的广阔空间，成为了6600万年来的空中主宰。

都说环境造人，从人类演化的角度来看确实如此。人区别于古猿的一大特征是两足行走。从四足到两足，对地面的依赖减少了一半，而手的解放，让人类获得了应对环境的利器。大约700万年前，我们的祖先失去了熟悉的森林，却赢得了更广阔的草原，这才开始了向现代人演化的征程。

人类文明的发展使我们不得不认真思考生物与地球环境的和谐，人类未来的发展也必将与地球的演化交织在一起。

周忠和

中国科学院院士

中国科学院古脊椎动物与古人类研究所研究员

CONTENTS 目录

序

1 回顾46亿年地球史

2 地球·生命史溯源

3 最初的生命与进化的奥秘

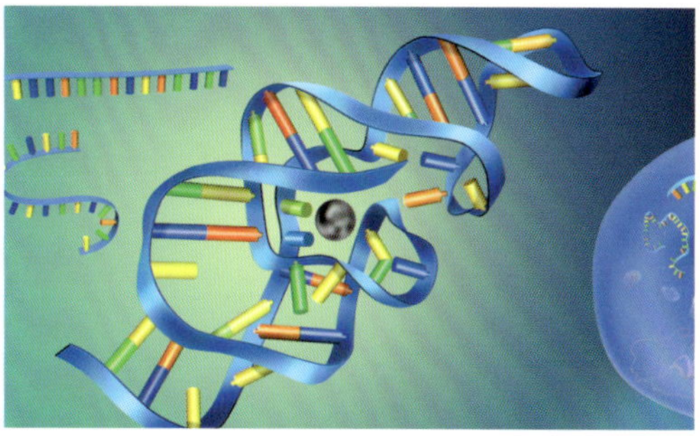

1

回顾 46 亿年地球史

在漫长的时间里，地球上发生过各种各样的宏大事件，例如陨石撞击、大陆分裂、全球冰封、岩浆肆虐等，正是这些天崩地裂、沧海桑田的事件，在很大程度上影响了生物的进化。此外，生物开始通过光合作用释放氧气后，也显著地改变了地球环境。让我们“穿越”回遥远的过去，一起追寻激动人心的地球和生命的进化历程吧。

年代的表示

在表示生物蕃息的年代时，会提到“白垩纪早期”“侏罗纪晚期”等。这些就是“地质年代”，类似中国历史被划分为若干朝代，地球长达 46 亿年的历史也被分为若干阶段。下表为地质年代的名称与划分。地质年代首先可分为冥古宙、太古宙、元古宙、显生宙。其中，显生宙从距今大约 5.41 亿年延续至今，可详细分为白垩纪、侏罗纪等。

冥古宙	太古宙	元古宙	显生宙											
—	（略）	（略）	古生代						中生代			新生代		
—	—	（略）	寒武纪	奥陶纪	志留纪	泥盆纪	石炭纪	二叠纪	三叠纪	侏罗纪	白垩纪	古近纪	新近纪（～258 万年前）	第四纪（～现在）

46 亿（年）　40 亿　25 亿　5.410 亿　4.854 亿　4.438 亿　4.192 亿　3.589 亿　2.989 亿　2.51902 亿　2.013 亿　1.45 亿　6600 万　2303 万

生物进化史全景

大猩猩
哺乳类（真兽类·北方兽类）
肩高 1.5 米
汤姆孙瞪羚
哺乳类（真兽类·北方兽类）
肩高 60 厘米
金雕
鸟类，80 厘米
秃鹫
鸟类，1 米
平原斑马
哺乳类（真兽类·北方兽类），肩高 1.3 米
凹嘴鹳
鸟类，1.5 米
白鹈鹕
鸟类，翼展 3 米
长颈鹿
哺乳类（真兽类·北方兽类），肩高 3 米
网纹蟒
爬行类，3 米
猎豹
哺乳类（真兽类·北方兽类），1.4 米
棕熊
哺乳类（真兽类·北方兽类），2 米
非洲水牛
哺乳类（真兽类·北方兽类）
肩高 1.4 米
三趾跳鼠
哺乳类（真兽类·北方兽类）
非洲象
哺乳类（真兽类·非洲兽类），肩高 3.3 米
鸵鸟
鸟类，2.2 米
土豚
哺乳类（真兽类·非洲兽类），1.1 米
猩猩
哺乳类（真兽类·北方兽类），肩高 1 米
河马
哺乳类（真兽类·北方兽类），3.4 米
狮
哺乳类（真兽类·北方兽类），3 米
济州小鲵
两栖类，10 厘米
飞蝗
昆虫类
树懒
哺乳类（真兽类·异关节类）
60 厘米
尼罗鳄
爬行类，5 米
飞蜥
爬行类，20 厘米
披毛犰狳
哺乳类（真兽类·异关节类）
30 厘米
黑斑羚
哺乳类（真兽类·北方兽类），肩高 80 厘米
苏卡达象龟
爬行类，77 厘米
鸭嘴兽
哺乳类（单孔类），50 厘米
红大袋鼠
哺乳类（有袋类）
1.3 米
企鹅
鸟类，1 米
太平洋蓝鳍金枪鱼
鱼类（辐鳍鱼类），4.5 米
驼背大麻哈鱼
鱼类（辐鳍鱼类）
50 厘米
儒艮
哺乳类（真兽类·非洲兽类），2.7 米
虎鲸
哺乳类（真兽类·北方兽类），8 米
抹香鲸
哺乳类（真兽类·北方兽类），16 米

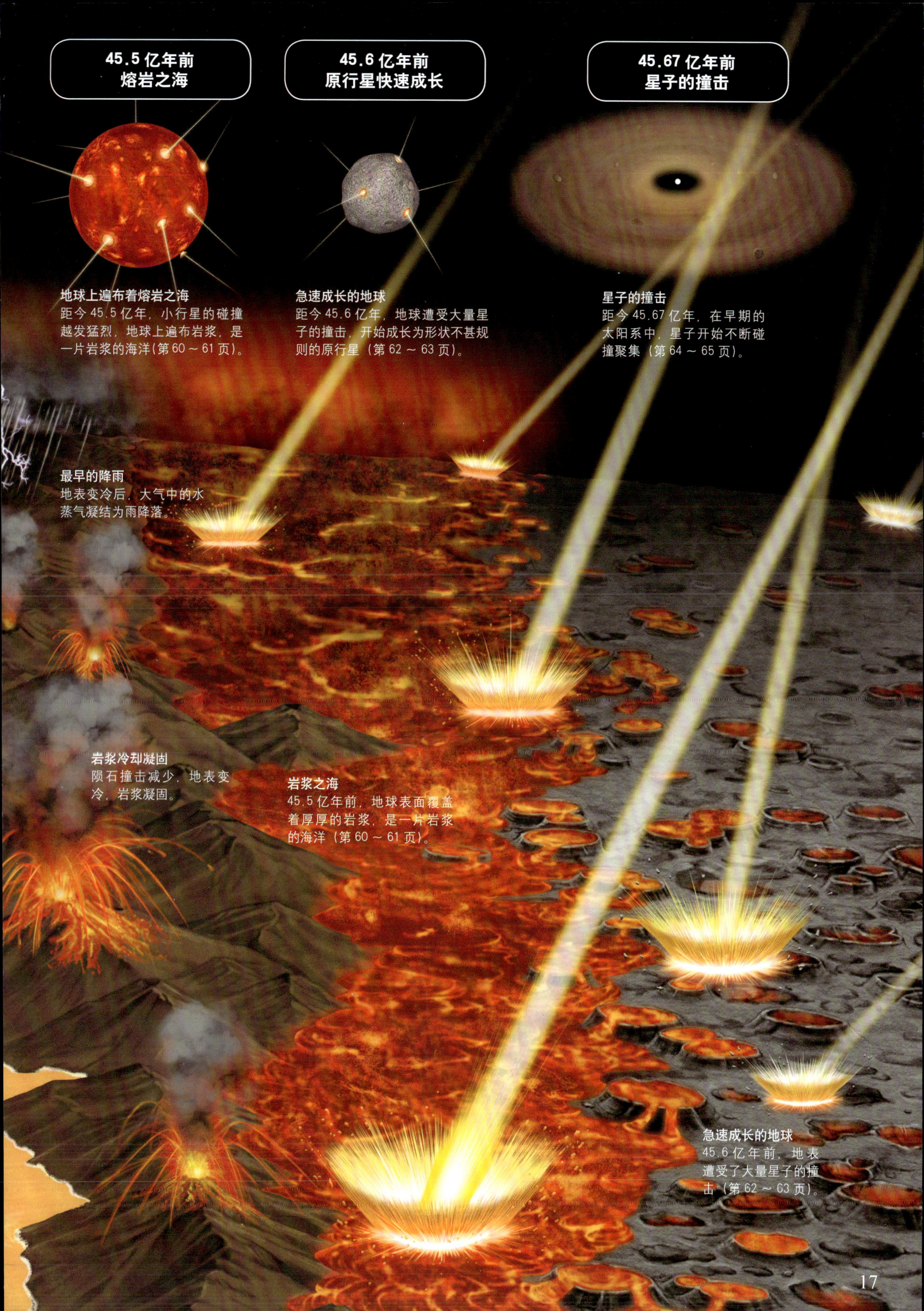
45.5 亿年前
熔岩之海
45.6 亿年前
原行星快速成长
45.67 亿年前
星子的撞击
地球上遍布着熔岩之海
距今 45.5 亿年，小行星的碰撞越发猛烈，地球上遍布岩浆，是一片岩浆的海洋（第 60 ~ 61 页）。
急速成长的地球
距今 45.6 亿年，地球遭受大量星子的撞击，开始成长为形状不甚规则的原行星（第 62 ~ 63 页）。
星子的撞击
距今 45.67 亿年，在早期的太阳系中，星子开始不断碰撞聚集（第 64 ~ 65 页）。
最早的降雨
地表变冷后，大气中的水蒸气凝结为雨降落。
岩浆冷却凝固
陨石撞击减少，地表变冷，岩浆凝固。
岩浆之海
45.5 亿年前，地球表面覆盖着厚厚的岩浆，是一片岩浆的海洋（第 60 ~ 61 页）。
急速成长的地球
45.6 亿年前，地表遭受了大量星子的撞击（第 62 ~ 63 页）。

23:59 ※1 40万年前

气候：温暖　当时的人类：除了海德堡人之外，还有生活在非洲及欧亚大陆的

人类捕猎大型动物

图片描绘了在40万年前的欧洲，一个海德堡人（人属成员）隐藏在岩石背后，正打算捕杀聚集到饮水点的野牛的情景。他手里拿着一件非常简单的武器——一根用树枝削成的长矛。虽说拥有武器，但如果遭到野牛反击的话，他很可能会身受重伤。对海德堡人来说，狩猎比自己大许多的野牛是一件极其危险的工作，甚至会危及生命。

以前，人类是被捕杀的“猎物”

研究认为，当时海德堡人已经能够积极主动地捕猎，而且能够经常吃肉。不过，科学家并不清楚生活在海德堡人之前的直立人※2及能人※3等人类的生活方式。

直立人及能人也会吃肉，并能够使用石器来拆解所食用的肉类。不过，这些石器可能仅用于那些为其他食肉动物所捕杀的食草动物的尸体。由于没有残留下任何可看作武器的东西，因此，也无法判断他们是否能够主动地进行狩猎，以及是否捕获过活的动物。

此前，科学家们在各个年代的人类化石上，都发现了被其他食肉动物袭击或撕咬的痕迹。长期以来，人类一直处于被捕杀的地位，而非捕猎者。下页，我们将穿越400万年，去追寻早期人类的生活。

海德堡人

研究认为，海德堡人是尼安德特人的祖先，生活在距今大约30万～50万年的欧洲，多居住在天然山洞中，行动范围大致局限于山洞周围。

海德堡人很可能曾用武器猎杀过野牛或鹿等大型食草动物。对身高1.6～1.7米的海德堡人来说，肩高2米的野牛是一个庞然大物。科学家在尼安德特人的化石上发现了大量骨折治愈后的痕迹，并推测是捕猎时所受的伤。之前的海德堡人大概也是同样的吧。

与现代人相比，海德堡人在外表上有一个很大的特征——眉脊隆起。此外，海德堡人的体格非常健壮。科学家并不清楚他们在日常生活中是否穿衣服。不过，估计也许会身披猎物的毛皮吧。海德堡人并未到达过欧亚大陆的北部。

草原野牛

大型牛科动物，体型比现代野牛大。可能是海德堡人所捕猎过的动物之一。

※1 数字时钟表示，如果将地球 45.67 亿年的历史压缩为 24 小时的话，各页的年代相当于几点几分。如果现在相当于午夜 24 点的话，那么，距今 40 万年前则相当于 23 点 59 分 52.43 秒，差 7.6 秒到午夜。

※2 生活在距今 5 万～175 万年，广泛分布在非洲和亚洲等地。脑容量大约 800～1200 毫升，身高 1.0～1.8 米。爪哇人与北京人都属于直立人。现代人的脑容量大约是 1400 毫升。

※3 生活在距今 160 万～240 万年，发现于非洲。脑容量大约 500～750 毫升，身高 1.3～1.6 米，是最古老的人类（人属成员）。

23:58 440 万年前

气候：温暖　人类的祖先：尚不清楚除了地猿始祖种之外，是否还存在其他地猿。

刚刚学会两足行走的类人猿是食肉动物最好的捕猎目标

故事发生在距今 440 万年的非洲。地猿始祖种（一种类人猿）正在津津有味地吃着捡拾到的果子。一头豹子趴在树上，虎视眈眈地盯着地面上的地猿，正准备一跃而下，进行突然袭击。

地猿始祖种是两足直立行走的人类祖先，脚的形状与现代人有很大的区别，能够对握以抓住物体。这是其祖先遗留下来的印记。地猿的祖先是生活在树上的灵长类，常用四肢抓住树枝。

研究认为，地猿始祖种根本不会使用石器等工具，当然更别说使用武器了。对豹子等食肉动物来说，地猿是一个非常好的捕猎目标。

当时的人类祖先屡屡受到各种食肉动物的袭击。例如，在南非发现的南方古猿幼体头骨上残留着被兀鹫的利爪撕抓的痕迹。科学家推测，这一幼体很可能被兀鹫抓走，从而成为了牺牲品。

在学会两足行走之前，生活在树上的灵长类是什么样子的呢？下页，我们将穿越 1600 万年，去探寻它们的神秘面目。

豹

袭击人类祖先的食肉动物之一。

由于缺乏化石，尚不清楚当时人类祖先的多样性。仅分布在非洲大陆

地图为现今的大陆分布

地猿始祖种

地猿始祖种与人类有较近的亲缘关系，在距今约 440 万年的地层中发现了其化石。地猿始祖种分布在非洲东部（现在的埃塞俄比亚），生活在树木不太茂密的、较为明亮的森林中，杂食。所发现的雌性个体的脑容量大约是 300 毫升，身高约 1.2 米。

猴子们避开巨鸟称霸的地面而生活在树上

人类的祖先——猴子（灵长类）为了躲避食肉动物的威胁而生活在树上。

图片描绘了距今大约2000万年的南美大陆的森林。恐鹤是这片土地的统治者，处在食物链的最顶端，它们是不会飞的巨型鸟类，属于恐鸟类，有些成员站立时可高达3米左右。当时，南美大陆上虽然有形似狗的食肉有袋动物，但是还没有大型的食肉哺乳动物，所以恐鸟才得以称霸。猴群只好躲在高高的树上，成为无足轻重的旁观者。

恐鹤的头部非常大，拥有着前端弯曲的巨大而令人生畏的喙。头骨结构的分析结果表明，恐鹤并不像兀鹫和老鹰那样，紧紧按住猎物来撕扯下肉块，而是囫囵吞枣地将猎物整个吞食下去。此外，也有学者认为，有些种类的恐鹤仅以腐肉为食。虽然欧洲也生活着冠恐鸟（即不飞鸟），但是，近年来的研究推测，冠恐鸟很可能是素食者。

在距今大约2500万年前时，猴子（灵长类）已分为阔鼻猴与狭鼻猴两大类※。阔鼻猴仅仅分布在今天的南美大陆，而人类的祖先则属于狭鼻猴。在亚洲和非洲，狭鼻猴也曾生活在树上以躲避食肉动物的袭击。

※ 狭鼻猴是指鼻中隔狭窄的猴类，包括栖息在非洲和亚洲的旧大陆猴、没有尾巴的大猩猩和黑猩猩等类人猿以及人类。阔鼻猴则指鼻中隔宽阔的猴类，由于生活在南美大陆，因此也称为新大陆猴。

生活在树上的“小矮人”

研究认为，在恐鸟称霸的时代，一些阔鼻猴（新大陆猴）的祖先已经“飘洋过海”来到了南美大陆。小型猴类能够搭乘由树枝等堆积成的“浮岛”，从非洲大陆的西南部顺着洋流，漂流大约一周后，就横渡了大西洋。

图中的猴子是已经灭绝的巴塔哥尼亚倭猴（*Homunculus patagonykus*）。在发现之初，科学家认为它是人类的近亲，因此用传说中炼金术创造出的烧瓶中的小人“何蒙库鲁兹”（homunculus）作为它的名字。

逃亡的负鼠

形似老鼠的小型有袋动物，可能是恐鹤等的猎物。长期以来，南美大陆、澳大利亚大陆及南极大陆一直与其他大陆分离，处于“孤立”的状态。在此期间，有袋动物曾繁盛一时。如今，负鼠类动物依然生活在南美大陆。

巨大的恐鹤

生活在南美大陆的一种恐鸟，身高 1 ~ 3 米。研究认为，恐龙灭绝后，至少在南美大陆，恐鹤处于食物链的最顶端。

在 2000 万年前，曾经存在着多种大型恐鸟。不过，最晚在距今 300 万年前后，北美大陆和南美大陆合并到了一起，生活在北美大陆的食肉哺乳动物涌入南美大陆，在残酷的生存竞争下，恐鸟一败涂地，最终灭绝了。

23:39 6600 万年前

气候：温暖，但是在小行星撞击后的几年内，气温降低了 20°C 以上

整个地球笼罩在厚厚的云层中，宛如一片死亡世界

6600 万年前※的某一天，灾难不期而至，并酿成了毁灭性的后果：曾经称霸地球的恐龙突然灭绝，遍地的尸骨成为了小动物们嬉戏的玩具。曾经茂盛的参天大树朽烂成腐木，只有蕨类“独树一帜”地繁茂生长。陆生动物的遭遇最为悲惨，近 80% 的物种都灭绝了。

生活在北美大陆南端的动物们亲眼目睹了灾难到来时的情景：一个巨大的火球在东南方的天空横穿而过，快速坠入了大海中。一颗直径约 10 千米的小行星高速撞击了现今墨西哥的尤卡坦半岛（当时为浅海地区），温度骤升到数万摄氏度而汽化了，还引发了大地震和高达 300 米的海啸巨浪，并在几百千米的范围内引发了熊熊大火。

虽然猛烈的撞击导致周围的生物顷刻命归黄泉，但是，那些生活在远离撞击点的遥远大陆上的生物们，却并没有在这场大劫难中丧生。不过，小行星撞击所带来的影响远不止这些。

阴云遮天蔽日，酸雨倾盆而下

撞击使大量气体和灰尘进入大气，形成厚厚的云层，遮蔽地球长达数年之久，以至于阳光不能穿透，全球温度急剧下降，大地一片黑暗寒冷，进入了漫长的“撞击之冬”。

由于阳光不能照射到地球上，绿色植物无法进行光合作用，于是开始逐渐枯萎死亡。食物链的基础环节被破坏后，大批食草动物因饥饿而死；没有食草动物，食肉动物失去食物来源，在绝望和相互残杀中缓慢消亡。最终，所有恐龙都未能幸免于难，称霸地球的时代从此终结。

此外，海洋中的菊石类也一同消失了。这是因为撞击点的岩石因高温汽化，产生了大量的硫氧化物，并扩散到高空中，随后形成酸雨倾盆而下，导致海水酸化，造成海洋生物大量死亡。

小行星撞击地球的最有力证据，是来自 6600 万年前的地层中含量异常的铱。科学家推测，这种高含量的铱元素是小行星撞击地球时带来的。铱在地壳中的含量非常少，是一种稀有元素，相比之下，在一些小行星或陨石里的含量则高很多。20 世纪 80 年代，科学家在尤卡坦半岛的地层中发现了大型陨石撞击遗迹，并在周围多处发现了由海啸冲刷而来的沉积物。

下页，我们将见证恐龙最鼎盛的时代。

延伸阅读：

火山活动与恐龙灭绝之间的关系？

有关恐龙灭绝的原因，一直以来众说纷纭。在发现尤卡坦半岛的撞击坑之前，科学家们一直认为，长期的大规模火山喷发引发了地球环境的变化，最终导致了恐龙灭绝。最近，科学家发现印度德干高原的溢流玄武岩的年龄约为 6600 万年。溢流玄武岩是由火山在长达几十万年的时间内持续大规模喷发，产生的岩浆冷却固结而形成的大面积火成岩。

不过，并没有证据显示 6600 万年前的生物大灭绝与火山活动导致的环境长期变化是同步逐渐发生的。现在被普遍接受的观点是，恐龙的灭绝与小行星撞击地球很可能是同时发生的，小行星的撞击才是恐龙灭绝的主要原因。

※ 虽然“6550 万年前”这一数字广为人知，但是，2012 年 8 月发表的国际地质年代表（用来定义地层界线年代）将其修订为“6600 万年前”。

不断风化的三角龙遗骸

三角龙是一种大型食草恐龙，体长约 9 米。尽管三角龙是在恐龙时代的末期才出现的，但是在“撞击之冬”，它也未能幸免于难而最终灭绝了。

普尔加托里猴：地球上最早的猴

普尔加托里猴被认为可能是地球上最古老的灵长类，是一种形似老鼠的哺乳动物，主要生活在树上。普尔加托里猴虽然看上去很像老鼠，但是，它的牙齿和下颌与啮齿类不同，并没有特化成便于食用特定食物的形状。

气候：温暖，海平面比现在高 130 米左右，氧气含量为 12%（不到现在的 60%）

巨大的恐龙在温暖的气候中繁衍生息

一群大型恐龙正在大摇大摆地寻找食物，它们拥有长长的颈部和尾巴，以植物为食，属于蜥脚类恐龙。

蜥脚类恐龙是陆地上曾出现过的最大的动物，主要生活在侏罗纪（约 2 亿～1.5 亿年前），种类非常多，有些种类全长可达 20～30 米，可谓超级巨无霸。即使在恐龙中，蜥脚类恐龙也称得上是“鹤立鸡群”了。

恐龙最为鼎盛的年代（约 2 亿～1 亿年前）也称为“恐龙时代”。当时的气候比较温暖，海平面上升，把大部分地球浸没在了水中。同时，浅海扩张，能从海岸向内一直延续数百千米。此外，南北极冰雪消融，甚至连深海的水温也高达 15～20℃。

在如此得天独厚的环境中，恐龙变得越来越大，

梁龙：超级巨无霸

梁龙体型巨大，全长约 30 米，是超大型食草恐龙，属于蜥脚类恐龙。可以灵活摆动的长长的尾巴宛如一条巨大的鞭子，是其最大特征。蜥脚类包括了已知的有史以来最大和最高的陆生生物。

嗜鸟龙：小型掠食者

嗜鸟龙是全长 2 米的小型食肉恐龙（兽脚类），靠捕食小动物和鱼类为生。

异特龙：顶级掠食者

异特龙身长可达 10 米，是食肉恐龙，生活在侏罗纪晚期，是北美大陆的顶级掠食者，处在生物链的最顶端，与著名的暴龙同属兽脚类恐龙。

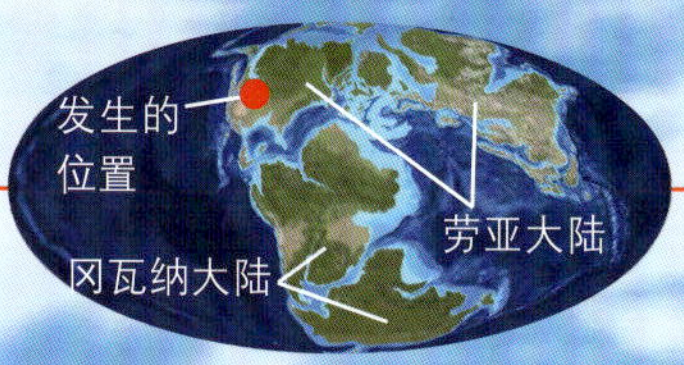

成为陆地上的统治者。异特龙是食肉恐龙，是最具代表性的兽脚类恐龙之一，体长最大可达 10 米以上。剑龙类及鸟脚类恐龙是食草恐龙，也是食肉恐龙的猎物，有些种类体长也可达 10 米以上。与此同时，最终进化为人类的哺乳动物及其近亲则体型小巧，形似现在的老鼠和松鼠，过着昼伏夜出的生活。

为什么恐龙变得如此庞大？为什么恐龙能称霸地球？我们将在下一页揭开谜底。

抓颌龙：飞翔的爬行动物

抓颌龙是翼龙的一种，翼展达 2 ~ 3 米。尽管翼龙与恐龙生活的时代相同，并且像恐龙一样也在白垩纪末期灭绝，但是，翼龙并不是恐龙，而是另一种爬行类动物。

剑龙：背负重重骨剑

剑龙是最有代表性的剑龙类恐龙，全长可达 7 米，以低矮的植物为食。

圆顶龙：厚牙利爪的素食者

圆顶龙全长超过 15 米，是一种食草恐龙，属于蜥脚类。拇趾上长着的可怕弯钩爪是其最大特征。此外，圆顶龙长有厚实的凿形牙齿，预示着它能够取食更为粗糙的植物。

恐龙具有更高的呼吸效能

腔骨龙是已知最早的恐龙之一，生活在恐龙时代的前夜，是一种小型的食肉恐龙，动作非常敏捷，通常捕食小型动物。

在恐龙统治地球的时代，大气中的氧气含量只有12%～15%，处于贫氧时期。这相当于现今地球上海拔4000米高处的氧气量（氧气分压），接近于人类能够定居高度的极限。对当时的生物来说，氧气匮乏的地球是一个恶劣的生存环境。不过，与两栖动物和哺乳动物相比，恐龙更好地适应了缺氧的环境，并迅速繁盛，成为地球的统治者。这是为什么呢？

恐龙拥有独特的呼吸系统？

研究认为，腔骨龙等兽脚类恐龙以及梁龙等蜥脚类恐龙都具有带气囊的呼吸系统，可以向肺中持续补充新鲜的空气，并利用多个血管多次吸收氧气，因而具有更高效的呼吸功能（右页上图）。

现代鸟类继承了这种呼吸系统，因为它们是由小型兽脚类恐龙进化而来的。一些鸟类能够飞越海拔8000多米的山峰，也得益于拥有气囊这一秘密武器。哺乳类动物是通过上下移动胸腹间的膈来改变肺部体积，从而进行呼吸的。不过，在缺氧状态下，利用气囊进行呼吸的效果更好。

此外，研究认为，兽脚类恐龙与蜥脚类恐龙的颈部等骨骼中有空腔，气囊能够伸入骨骼内部，这种结构也能够减轻骨骼的重量。这或许与恐龙变得越来越大，并称霸地球长达1亿年之久有着密切的关系。

恐龙的行动姿势也非常独特。两栖类动物的四肢往躯干两侧延展，移动时要扭动身体，妨碍肺部收缩，因此它们无法在移动时呼吸。恐龙的四肢则直立于躯干之下，在快速运动时，对呼吸器官的影响较小。总之，恐龙具有在各个方面都很卓越的呼吸系统。

被捕食的黄昏鳄

黄昏鳄是古老的鳄鱼近亲，后肢修长，可能两足行走。在腔骨龙化石的胃部内容物中，发现了黄昏鳄的残骸。

腔骨龙：鼎盛前夜的猎手

已知最早的恐龙之一，全长2～3米，属于兽脚类恐龙（包括鸟类在内的分类系统），具有气囊，动作敏捷。生活在约2亿年前，遍布世界各地，形状较为相似。它的学名来自希腊文，意思是“中空的骨骼”。

地图为三叠纪时期（2.2 亿年前）的板块分布，标注了现今的大陆名称。

恐龙（鸟类）具有气囊的呼吸系统

肺是气体交换的场所，吸入氧气，排出二氧化碳。人类（哺乳动物）借助于膈（胸腹之间的特殊肌肉）帮助肺部吸入和呼出气体。肺就像一个发动机，不停地扩张和收缩。

不过，恐龙（鸟类）并没有膈，而是借助于肋骨运动，把气囊作为马达进行伸缩以带动空气。气囊是从肺部延伸出来的袋状器官，不能进行气体交换，而在很小的作用力下就能变形。气囊中可以存储丰富的新鲜空气（吸气，深蓝色箭头）以及交换后的空气（呼气，浅蓝色箭头），不仅在吸气时、而且在呼气时也能向肺部输入新鲜的空气。

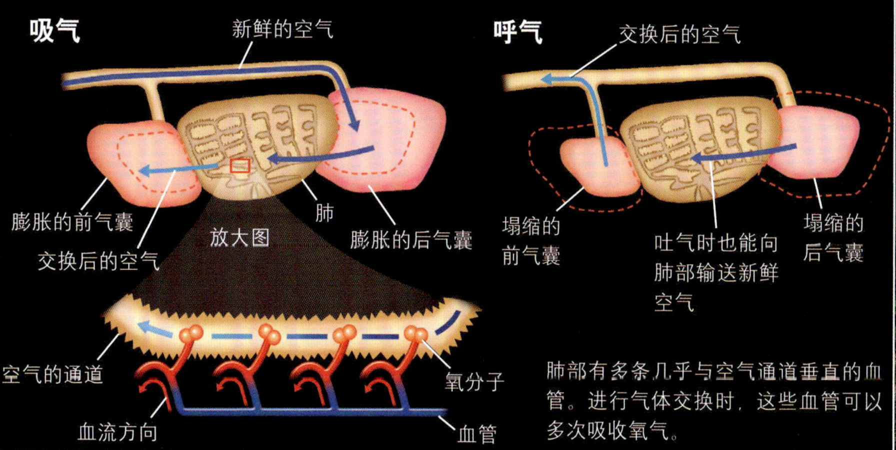

肺部有多条几乎与空气通道垂直的血管。进行气体交换时，这些血管可以多次吸收氧气。

具有膈的哺乳类动物

在腔骨龙繁盛的时代，一些形似老鼠的哺乳动物悄然登上了历史的舞台，它们已经具有了膈，例如在欧洲发现过始带齿兽。始带齿兽体长约 10 厘米，是最古老的哺乳动物之一。

绝大部分物种灭绝了！地球史上最大的生物灭绝事件

虽说是白天，可是天空却漆黑一片。陆地上到处都是枯死的树木，海底遍布生物的尸骸。突然，远处传来震耳欲聋的轰鸣声，火山猛烈喷发，炽热的岩浆喷涌而出，大量的火山灰被喷洒到几十千米的高空，久久不能消散。大规模的火山喷发频繁发生，浓浓的灰尘遮天蔽日，笼罩着整个天空，地球进入了漆黑的永夜。

造成生物大灭绝的原因是什么？

在约 2.52 亿年前，地球遭遇了有史以来最大规模的生物灭绝，超过 90% 的物种都消失了。

关于造成这次物种大灭绝的原因，长期以来都是一个争论的热点，有各种各样的猜测，例如有毒气体、陨石撞击等。由于当时的地层几乎都因构造运动而扭曲破坏了，不复当年沉积的初貌，因此，大部分的灭绝机制研究也只能停留在猜测阶段。

不过，科学家也弄清楚了一些事情。那时，所有的大陆都连在一起，构成了一个超级大陆——盘古超大陆，并发生了大规模的火山喷发。西伯利亚广阔的溢流玄武岩就是当时火山喷发的遗迹。如今，西伯利亚玄武岩的分布面积约 200 万平方千米，比新疆的面积都要大些。

溢流玄武岩是指陆壳下方炽热地幔岩石上升，产生的低黏度玄武质岩浆大规模喷发的现象。虽然涌出的岩浆量很大，但喷发本身较为"平静"，不产生太多烟雾，所以很难认为它是灭绝的原因。另外，在玄武岩喷发前，部分陆壳融化形成黏稠的岩浆，造成爆炸性喷发。事实上，在玄武岩喷发之前，先产生了爆炸性喷发形成的火山灰层。日本东京大学的矶崎行雄教授认为，这是灭绝的一个原因。火山灰广泛漂浮在空中，使气候变冷。当时地层中发现的碳元素的特征（同位素比值），表明植物的光合作用在全世界范围内处于较低的水平。

幸运的是，一些生物幸运地躲过了这场灾难，并填补了因物种大灭绝而出现的空白生态位。最后，恐龙在弱肉强食的残酷竞争中取得压倒性胜利，统治了整个地球。从某种意义上来说，地球史上最严重的生物大灭绝也是地球生态系统的重新整合，为新物种称霸地球创造了机会。

在大灭绝之前的时代，地球上都生活着哪些生物呢？让时光倒流 5000 万年，为我们重现昔日辉煌吧。

巨型火山喷发导致了漫漫长夜？

图片描绘了金伯利岩浆以 300 千米的时速从地下猛烈喷涌而出的情景。研究认为，在当时盘古超大陆的内陆地区，发生了巨型火山喷发，并将大量火山灰喷洒到高空，遮挡了阳光，从而导致地球温度急剧降低，并造成了生物大灭绝。

古生代的菊石

舌羊齿：枯死的裸子植物

裸子植物在盘古超大陆的南半球部分曾经繁盛一时。在现在的南美、非洲、南极洲、印度、澳大利亚等地都发现过这类裸子植物的化石。研究认为，这也是当时大陆连在一起的一个证据。舌羊齿的意思是“舌状的叶子”。

96% 的海洋生物灭绝了

不管在陆地上还是海洋中，大多数的生物都灭绝了，是本次大灭绝的一大特征。研究认为，海水中缺氧是导致海洋生物大量灭绝的原因。

其证据是，日本还残留有在当时的深海沉积的页岩地层。页岩中含有还原性的有机物，因此可以证明深海中缺少氧气。关于缺氧的原因，一直都是众说纷纭，存在各种猜测，但无一获得证实。

茂盛的蕨类大森林，70 厘米长的巨型蜻蜓，2 米长的大蜈蚣！

3 亿年前，在温暖的湿地生长着大片茂盛的森林，有些植物高达 40 多米，相当于 10 层楼那么高，有些植物的茎干上镂刻着奇异的花纹。其实，它们都是巨型蕨类植物。

森林中，巨型蜻蜓在翩翩起舞，个头是现在中国最大的蜻蜓——巨圆臀大蜓的 4 ~ 5 倍；巨型蜈蚣四处爬来爬去，比成人的身高还要长。这一时代的昆虫是最早飞上蓝天的生物。研究认为，大气中的氧气含量增多是导致巨型昆虫“横空出世”的原因※。当时，氧气含量达到了史无前例的 35%（现在为 21%）。

那么，为什么氧气增多了呢？大家知道，植物通过光合作用不断合成有机物，并释放出氧气。但是，植物枯死后，微生物会消耗氧气，将有机物分解。因此，如果植物的生长与分解同时进行的话，大气中的氧气含量就不会发生变化。

由于当时凋枯的植物不少被埋在了湿地中，微生物无法将其分解，因此，大气中的氧气没有被消耗掉，而是越来越多。被掩埋的植物历经 3 亿年的时间转化为煤，最后被人类从地下挖掘出来。由于地层中埋藏着大量的煤，因此，这一时代被称为“石炭纪”（约 3.6 亿 ~ 3 亿年前）。

动物与植物共同构建了丰富的陆地生态体系，它们究竟是怎样从大海中来到陆地的呢？下页，我们将一同见证动物与植物的“登陆”。

※ 1998 年，美国得克萨斯大学的研究人员进行的实验结果表明，在含氧量 23%（仅比现在高 2%）的环境中人工饲养苍蝇时，仅仅历经 5 代，苍蝇的体积就增大了 14%。

六角花纹的封印木

原始蕨类植物（石松类）之一，高达 30 米。树干表面有六角形花纹（参照下方横倒的棕色树干），这是叶子脱落后留下的痕迹。由于形状与盖在信封封口上，作为封上信封证据的封印非常相似，因此，被命名为“封印木”。

远古蜈蚣：恐怖的大怪物

巨型的远古蜈蚣，最大体长超过 2 米，也是有史以来最大的蜈蚣（多足类）。

大陆：盘古超大陆正在形成，广阔的浅海区域——古特提斯洋形成

鱼鳞花纹的鳞木

原始蕨类植物（石松类）之一，生长非常迅速，短短的 20 年内就能长成 40 米高的参天大树。右侧棕色树干表面上的鱼鳞状花纹是叶子脱落后留下的痕迹。

猛一看好像是竹子的芦木

巨型蕨类植物，高达 10 米，有类似竹子的节，节间通常中空（参照下方横倒的绿色树干）。芦木是一种古老的木贼，与现在的木贼、问荆都有密切的亲缘关系。它学名的意思是“类似芦苇的植物”。

巨脉蜻蜓：体型庞大的昆虫

从一侧翅尖到另一侧翅尖的翼展超过了 70 厘米。与现代蜻蜓属于不同的类群。体型粗短，翅膀细长。

蟑螂：形状几乎没有变化

形状与现代蟑螂几乎没有差别。较大的蟑螂体长约 10 厘米。

最早的蜥蜴

全长可达 30 厘米。恐龙时代的统治者——爬行类动物的个体当时还比较小。

22:06 3.6 亿年前

气候：温暖，陆地湿度增大，氧气含量减少到 15% 左右（现在的 70% 左右）

登陆时需要对身体进行怎样的改造？

率先登陆的小型蜈蚣

节肢动物的种类非常多，包括各种昆虫、螃蟹、虾等，广泛分布在陆地和水中。科学家在距今约 4.3 亿年的陆地地层中发现了一些小化石，非常类似原始蜈蚣的部分体节。

爬上未知陆地的鱼石螈

生活在距今大约 3.6 亿年前，全长约 1 米，两栖类。在格陵兰岛东部发现了其化石。它的学名来自于希腊语“鱼的铠甲”。

鱼石螈用肺进行呼吸，除了四肢外，还有头、肩、腰的分化。与棘螈相比，鱼石螈的骨骼非常强健，能够承受陆地上的重力，从而支撑身体。迄今尚未发现过其前肢的骨骼。

在水中长出四肢的棘螈

全长约 60 厘米，两栖类。发现地点及生活年代与鱼石螈几乎相同。学名也很类似，意思是“棘的铠甲”，也被翻译为棘鱼石螈。

棘螈不仅有四肢，也还有和鱼类相似的尾鳍，因此，研究认为它是从鱼类进化到陆生脊椎动物的过渡产物。虽然棘螈也能够用肺呼吸，但是其关节非常脆弱，可能还无法在陆地上支撑身体，因此很可能生活在水中。顺便说一下，棘螈的前肢有 8 个趾。

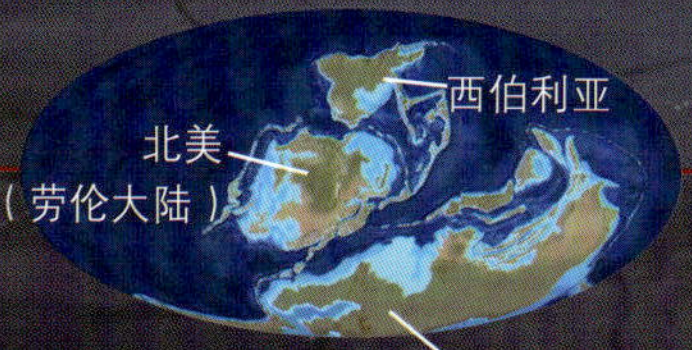

泥盆纪时期（3.7 亿年前）的板块分布

在大约 3.6 亿年前，陆地上只有植物与昆虫。我们的祖先（远古的脊椎动物）还生活在水中。对于从水中爬上陆地的鱼石螈来说，广袤的陆地简直就是天堂——到处都是丰富的食物，没有天敌，不用担心生命受到威胁。

鱼石螈在陆地上用四肢支撑身体。研究认为，它是在水中进化出四肢的，因为同一时代的、生活在河流中的棘螈也有强健的四肢。

登陆后的脊椎动物不仅需要用四肢来支撑身体和运动，还需要对全身结构进行大改造。首先，它们学会了用肺呼吸，而不再用鳃呼吸。其次，它们拥有了强健的骨骼以承受陆地上的重力，并演化出了头、肩和腰的分化。

昆虫的登陆时间则比脊椎动物早了 7000 万年。即在大约 4.3 亿年前，昆虫已从水中爬上了陆地。研究认为，由于昆虫不需要像脊椎动物那样进行全身的改造，因而才得以更早登陆。节肢动物的外骨骼相当于包裹身体的外壳，这层外壳轻巧而坚固，完全可以承受陆地上的重力。此外，昆虫具有特殊的呼吸系统（气管系统），能够将体液的蒸发降到最小。

其实，昆虫还不是最早的登陆者，在它之前，植物早已捷足先登了（参见下页）。在植物到来之前，陆地是一片荒凉的不毛之地，只有地衣等低等生物。那么，这些勇敢的先驱植物是什么样子的？登陆后，又会有怎样的经历呢？

真掌鳍鱼：长着胳膊的鱼

全长约 1 米的鱼类，与现存的“活化石”矛尾鱼（腔棘鱼类）一样，都属于肉鳍鱼类。科学家在加拿大东部发现了其化石。生活的时代早于鱼石螈，大约在 3.85 亿年前。图中将它们画到了同一时代以便于比较。学名的意思是“强健的鳍”。

真掌鳍鱼的鳍内有类似陆栖四肢动物四肢的骨骼，因此，研究认为，真掌鳍鱼是那些登上陆地的生物的祖先。顺便说一下，有研究表明，腔棘鱼已经在水中拥有了感知空气中的气味和信息素的基因。

21:53 4亿年前

气候：氧气含量高达25%。有的学说认为，臭氧（O_3）层也增厚，并削弱了紫外线的照射

登陆后，纤细的植物在水边蔓延

距今大约4亿年前，欧洲和北美还是连在一起的，名为劳伦大陆，位于赤道附近。内陆地区一片荒凉，没有任何生命气息。然而，沿海地区则是另一幅景象：植物繁茂，遍地绿色，充满了无限生机。这些植物没有叶子，只有纤弱的茎，是原始维管植物。维管是植物的一种组织，不仅能吸取水分和营养物质，还能帮助支撑植株，现在的蕨类植物、裸子植物、被子植物都有维管。当时的植物形形色色，各不相同，有的拥有低等的脆弱维管（原始维管植物），有的根本没有维管（苔藓）。

那时，植物的茎部含有能够进行光合作用的叶绿体，所以看上去是绿色的。而茎的顶端有孢子囊（容纳孢子的繁殖器官），因此，这一部分看上去不一定是绿色的。那时的植物最高约60厘米。

植物巧妙解决了站立、防水等问题，土壤也出现了

与动物的登陆一样，植物从水中来到陆地也需要解决各种各样的问题。

首先，植物已经学会了如何生成木质素。木质素是一种广泛存在于植物体内的不易分解、能支撑植株重量的物质。其次，植物还进化出了类似竹子那样中空而轻

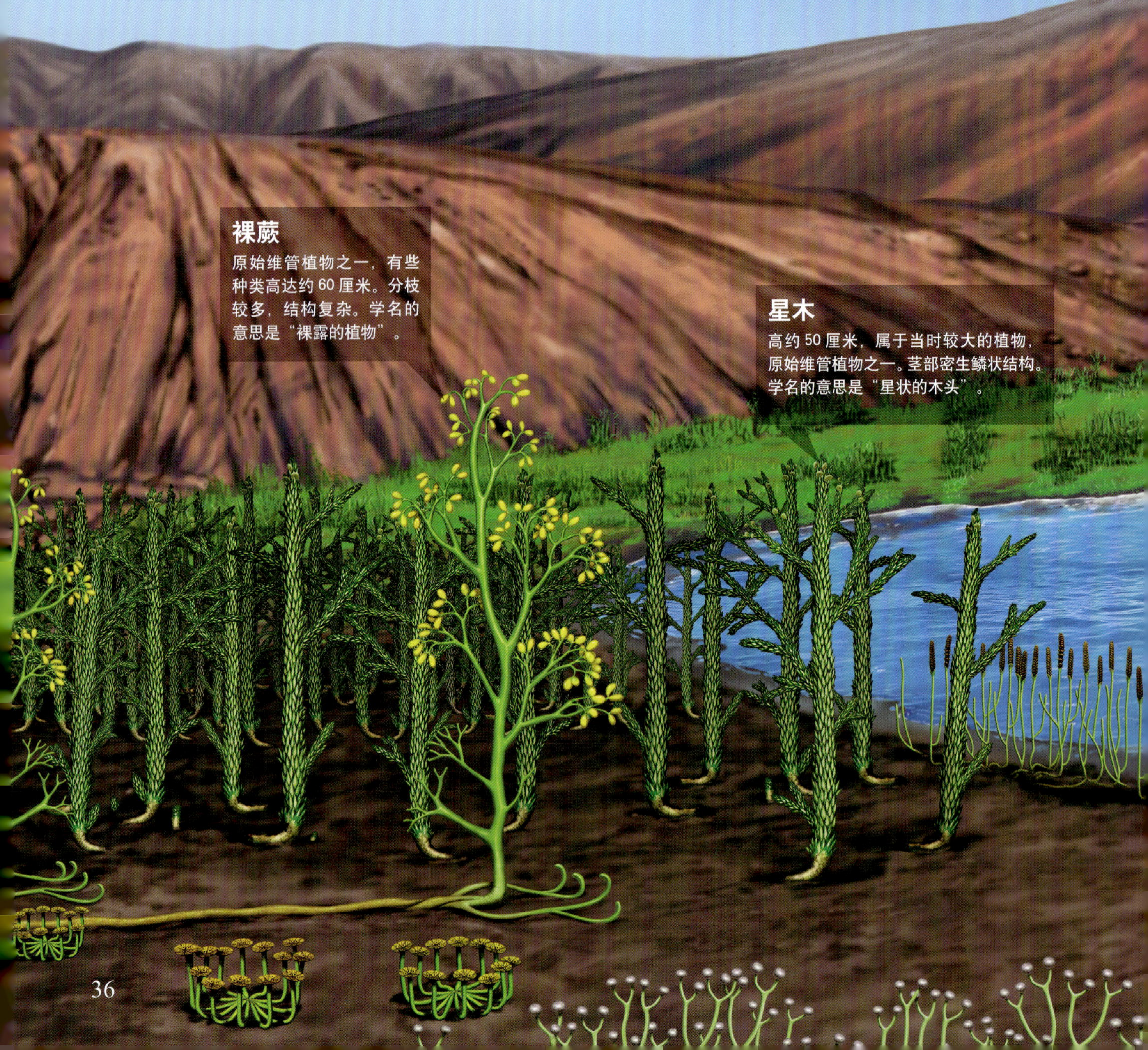

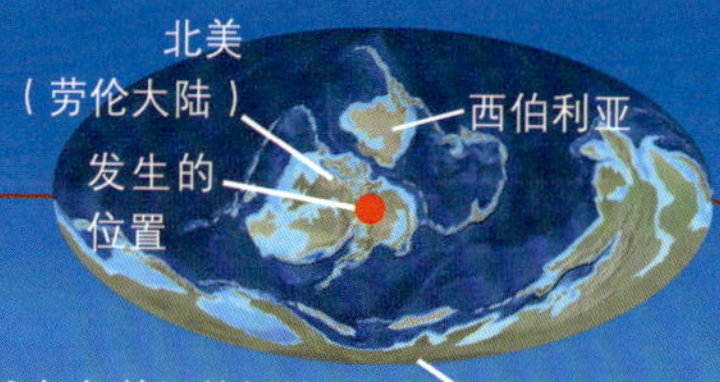

志留纪时期（4.3亿年前）的板块分布

巧的茎。借助于这些改造，植物得以成功地站立在地面。此外，植物表面还覆盖着角质层（一种蜡），有助于减少水分蒸发，保持湿润。

随着植物不断生长，地表不断被伸入地下寻找水分的根拱开，而枯死的植物又被微生物所分解。这样一来，陆地渐渐被富含有机物的颗粒覆盖，于是就出现了土壤。

植物在距今大约4.7亿年前成功“登陆”

下面，让时光倒流回植物依然生活在海水中的时代。那时候的植物是含有藻红素的红藻及带有叶绿素的绿藻。其中，绿藻的一支成功登陆，从而获得了更多阳光来进行光合作用。

研究认为，最早登陆的植物最迟是在大约4.7亿年前来到陆地的。科学家在阿根廷的古老地层中发现了可能是苔藓植物孢子的化石。植物的到来让陆地发生了天翻地覆的大变化——从一个毫无生机的荒凉世界变成了大海之外的第二个生命乐园。那么，海洋中生活着什么生物，又是怎样一个乐园呢？

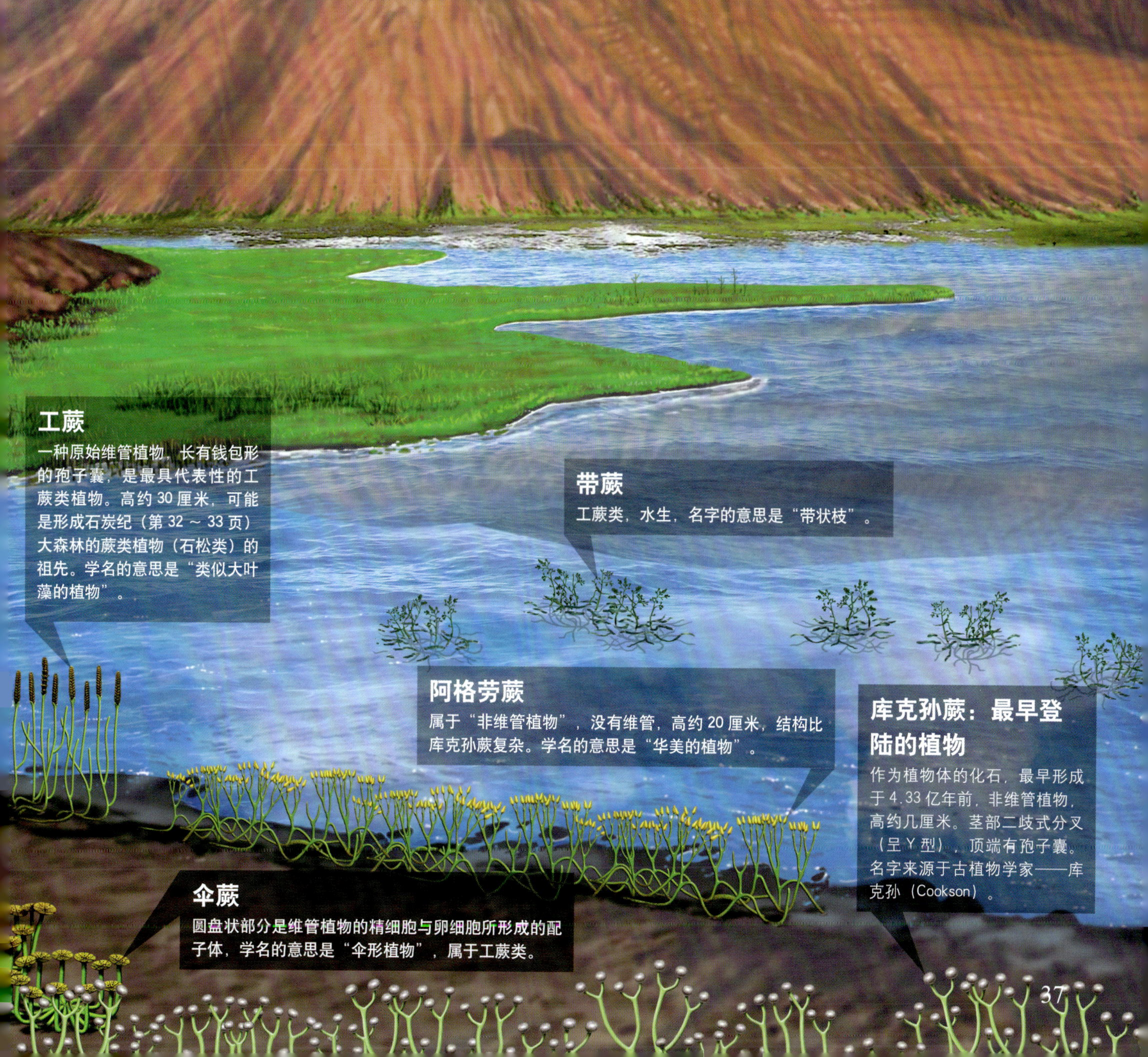

气候：大体上来说比较温暖　　人类祖先：没有下颌的2～3厘米长的鱼类

奇形怪状的生物在大海中旺盛繁衍

距今大约5.1亿年前，海洋中生活着许多奇形怪状的生物，例如图片上的这些生物。研究认为，这一时代的生物涵盖了几乎所有的现代生物“门”（phylum）。这些生物在大约5.2亿年前几乎是同时突然涌现出来的，可谓生命史上的一大奇迹，因此被称为“寒武纪生命大爆发”。

为什么各种生物群体会在同一时期突然出现呢？一个假说认为，从这一时期开始，生物第一次长出了眼睛，能够很方便地相互看到对方，因此才导致了生命大爆发，这一假说得到了相对广泛的认可。

“很容易看到其他生物”这一看似微不足道的改变却带来了天翻地覆的变化，使得成为捕食者还是猎物的生存竞争变得更加残酷。因此，为了在弱肉强食的竞争中能够存活下来，生物开始快速进化，外形也随之爆炸性地剧变。

结实的肌肉和强健的骨骼（外壳）能帮助生物积极追捕所发现的猎物，或者从天敌的魔爪下迅速逃脱。可以说，寒武纪是具有坚硬外壳的生物群体大爆发的时代。外壳的材质各种各样，有碳酸钙、磷酸钙、二氧化硅、几丁质等。这意味着各个门类的生物是独自演化出外壳的。

那么，在生物之间的生存竞争变得残酷之前，生物们又是什么样子的呢？请看下页。

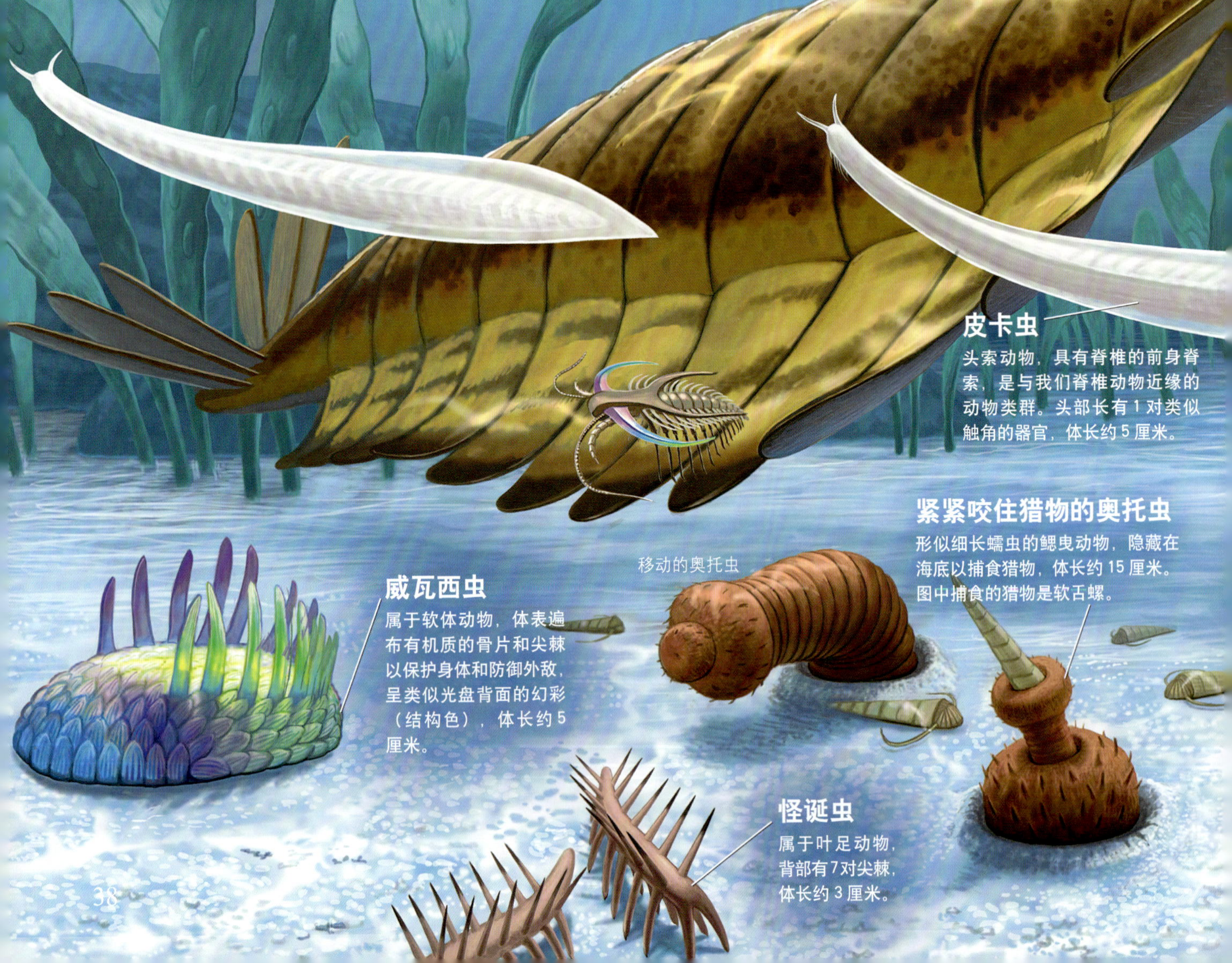

捕获了猎物的奇虾

虽然被归类为节肢动物或者范围更宽广的种类——蜕皮类，但是，奇虾的分类位置至今尚无定论。奇虾体长可达1米，是寒武纪最大的生物，处于食物链的最顶端，是生物史上最早的霸主。

皮卡虫

头索动物，具有脊椎的前身脊索，是与我们脊椎动物近缘的动物类群。头部长有1对类似触角的器官，体长约5厘米。

紧紧咬住猎物的奥托虫

形似细长蠕虫的鳃曳动物，隐藏在海底以捕食猎物，体长约15厘米。图中捕食的猎物是软舌螺。

移动的奥托虫

威瓦西虫

属于软体动物，体表遍布有机质的骨片和尖棘以保护身体和防御外敌，呈类似光盘背面的幻彩（结构色），体长约5厘米。

怪诞虫

属于叶足动物，背部有7对尖棘，体长约3厘米。

大陆：分为 3 个小规模的大陆与冈瓦纳大陆
北美
（劳伦大陆）
西伯利亚
发生的位置（现在的
加拿大布尔吉斯山）
冈瓦纳大陆
波罗的
寒武纪时期（5.2 亿年前）的板块分布
正在袭击一群
皮卡虫的奇虾
加拿大虫
节肢动物，体长约几厘米，具有类似甲壳类动物的外壳。虽然有眼睛，但是眼睛非常小。
紧紧抓住海绵的埃谢栉蚕
属于叶足动物的一种，体长约 6 厘米，在海绵化石中曾经发现过其化石。
马尔三叶形虫
节肢动物，游泳能力高超，头部的背刺具有结构色，体长约 2.5 厘米。
隐藏在沙子中的皮卡虫
准备袭击皮卡虫的欧巴宾海蝎
节肢动物，具有 5 只眼与一条用于捕食的特化附肢，体长接近 10 厘米。

结构独特、身躯柔软的动物们

5.6亿年前的海洋是生物的“伊甸园”，到处可见它们悠然自得的身影。埃迪卡拉生物群的生活也是同样舒适而惬意，它们把“家”安置在超大陆周围广阔的浅海中。由于科学家在澳大利亚南部的埃迪卡拉丘陵地区发现了大量当时的化石，因此把该化石群命名为“埃迪卡拉生物群”。

研究认为，这些生物既没有坚硬的骨骼也没有复杂的感觉器官，而是一大群软体生物。它们很少意识到相互的存在，而且对其他生物毫无戒心，更不懂得、也不需要去躲避强敌，因为当时并没有捕食者。那些无法自己移动的生物只是守株待兔般等着过滤和吸收漂浮过来的有机物，能移动的生物则在海底四处爬行，寻找沉积物中的细菌等做食物。

不过，埃迪卡拉生物群在随后的寒武纪（参见前页）并没有留下任何子孙后代，而是全部灭绝了。它们的体节里都存在一种相互交错的结构，而这种结构在后来的生物体内根本找不到任何踪迹。有关埃迪卡拉生物群灭绝的原因尚不清楚，也有一些观点认为，其中极少的一部分生物一直生存到了寒武纪早期。

在这之前的时代，地球上则根本没有肉眼能看到的生物，也就是说，那时，地球上只有微生物存在。那么，我们不禁会问：多细胞生物是如何进化而来的呢？

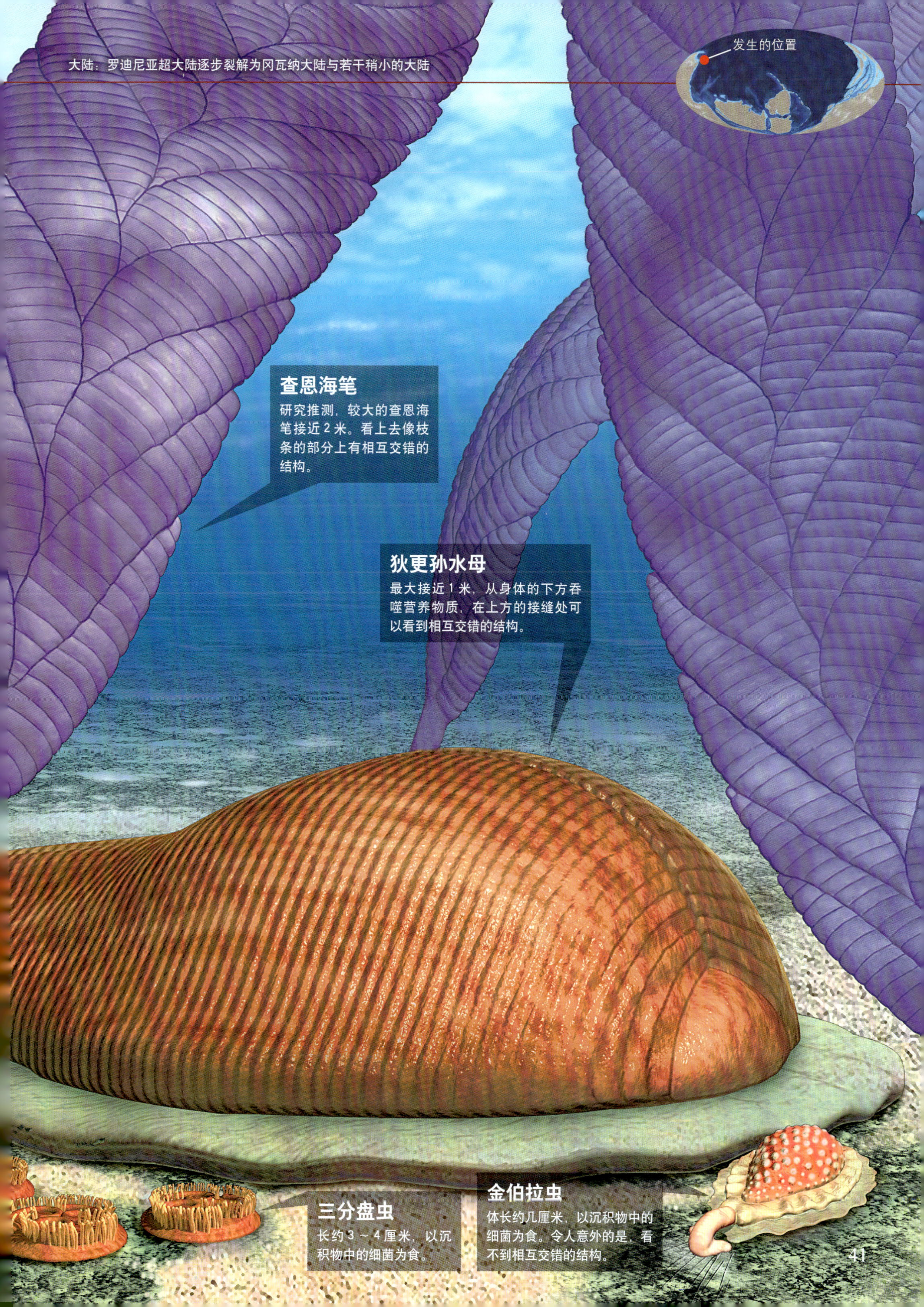
发生的位置
查恩海笔
研究推测，较大的查恩海笔接近 2 米。看上去像枝条的部分上有相互交错的结构。
狄更孙水母
最大接近 1 米，从身体的下方吞噬营养物质，在上方的接缝处可以看到相互交错的结构。
三分盘虫
长约 3 ~ 4 厘米，以沉积物中的细菌为食。
金伯拉虫
体长约几厘米，以沉积物中的细菌为食。令人意外的是，看不到相互交错的结构。

20:41 **6.3 亿年前**

气候：氧气含量为 1% ~ 2%，不断增多　人类的祖先：原始的多细胞生物或单细胞生物

微观世界的大进化，多细胞生物出现！

在距今 6.3 亿年前，微生物的世界出现了一次飞跃性的进化——一些单细胞生物聚集在一起，形成了一个群体。之后，早期的多细胞生物开始不断出现。

所有的生物都是由细胞构成的。我们人类是由大约 60 万亿个细胞聚集而成的多细胞生物。与此同时，世界上也存在着许多种只有一个细胞的生物，即单细胞生物。

那么，单细胞生物到多细胞的进化之路是如何完成的呢？像人体这样的复杂组合体，一部分细胞可以运动，一部分细胞可以观测物体。不过，单细胞生物在向多细胞生物进化的过程中，大概从来没有想过“如果把大量的细胞聚集在一起的话，就能获得各种能力”吧。仅仅把细胞聚集在一起，生存下去就会变得相对容易，不再那么艰难，的确有一定的道理。

抱团挤在一起以避开氧气？

丹麦地质学家唐纳德·坎菲尔德（Donald Canfield）教授提出了一个假说：大约 6 亿年前，海洋中的氧气含量剧增导致了多细胞生物的出现。

有关多细胞生物出现的各种假说

有关多细胞是如何出现的，众说纷纭。一种假说认为，单细胞聚集而成的群体是多细胞生物的起源。也有假说认为，细胞核在细胞内分裂增殖，形成了多核细胞，之后分裂成了多个细胞，也就是多细胞生物。研究认为，从单细胞到多细胞的进化是在各类生物中独立发生的。

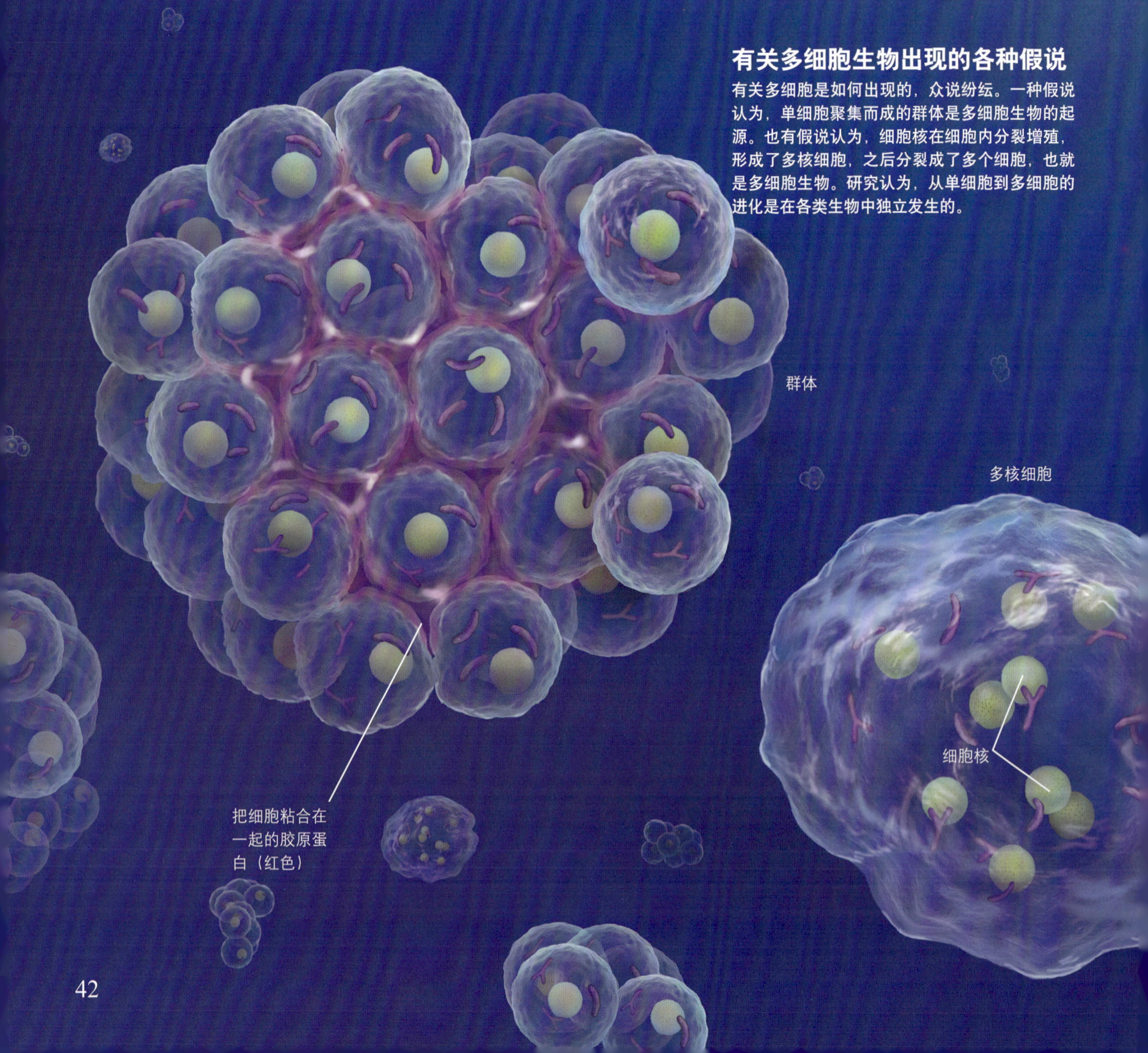

埃迪卡拉纪（震旦纪）时期（6 亿年前）的板块分布

氧气一方面是分解营养物质、释放能量不可或缺的元素。另一方面，氧气也可能会伤及细胞自身。因此，细胞们抱团挤在一起共享氧气的话，除了最外面的一层细胞暴露在氧气之外，内侧的细胞都能安然避开过剩的氧气，于是就出现了多细胞生物。

利用氧气来生成细胞黏合剂？

另外一种观点认为，多细胞生物原本在很久之前就存在了，只不过在大约 6 亿年前，借助于氧气增多这一大好时机而开始急速繁盛起来了。胶原蛋白对细胞的结合至关重要，要想形成多细胞生物，首先需要生成类似胶原蛋白的物质。不过，生成胶原蛋白时要消耗大量的能量。由于氧气急剧增多了，胶原蛋白的生成也变得更加容易，因此，就出现了越来越多的多细胞生物。

可是，为什么氧气突然急剧增多了呢？研究认为，这是 6 亿～8 亿年前所发生的大事件——全球冰冻所导致的后果。下页，我们将与您一起探寻真相。

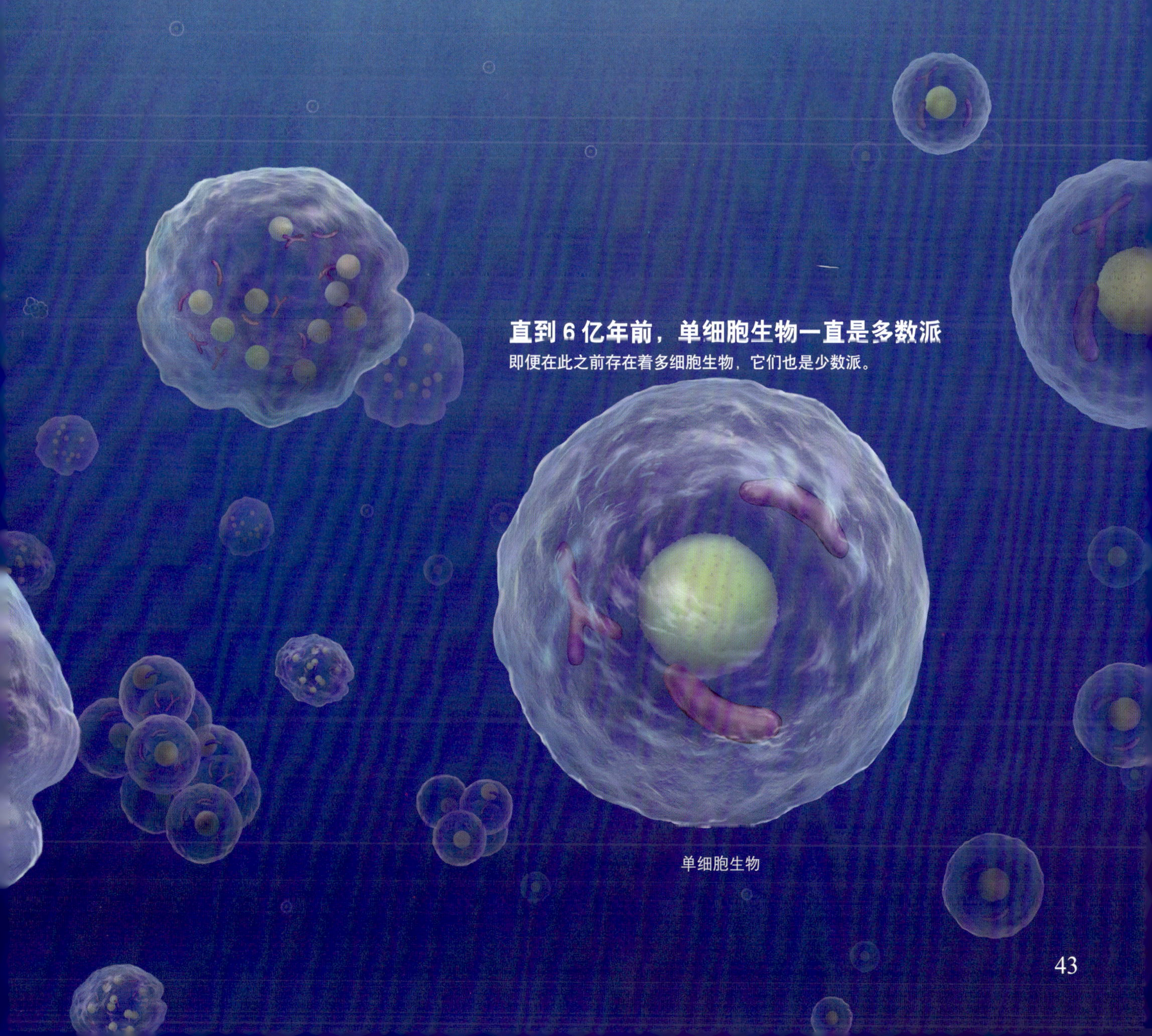

直到 6 亿年前，单细胞生物一直是多数派

即便在此之前存在着多细胞生物，它们也是少数派。

单细胞生物

地球上覆盖着 1 千米厚的冰层

距今大约 6.5 亿年时，无论大陆还是海洋，整个地球都被厚厚的冰层所覆盖，宛如一个巨大的冰球，平均气温 -40℃，甚至连赤道上的温度也只有 -30℃。在如此严寒的世界里，没有任何生物的气息，1 千米厚的冰层不时发出“咯吱咯吱”的声音。在距今 6 亿～8 亿年，地球上曾出现过两次“全球冰冻”（又称雪球地球）的大冰期，并分别持续了 1000 万年之久。

低纬度热带地区残留的冰川沉积物地层是地球曾经发生过大冰期的证据。如果连地球上最温暖的地区都被冰川所覆盖，那么，整个地球上都覆盖着厚厚的冰层也就不足为奇了。此外，科学家对当时的灰岩进行分析的结果表明，当时地球上的光合作用急剧减少，氧气含量也明显减少，这也意味着当时进行光合作用的生物在全球范围内遭遇了沉重打击。

生物在哪里生活?

那么，在整个地球都被厚厚的冰层包裹着的严酷环境中，生物又是在哪里安身、如何度日的呢?

也许，被封闭在厚厚冰层中的光合作用生物只能在周围冰层融化的短暂时间里重新开始生命活动，通过光合作用来维系生命，从而艰难地存活下来。现在，南极冰层下还有悄然生存的生物。

此外，不进行光合作用的微生物或许安身于火山周围的温泉或海底的热液喷口等没有被冰层覆盖的“避难所”，从而幸运地躲过了漫长的冰期。总之，我们的祖先肯定在某个地方幸运地存活了下来。研究认为，人类的祖先源自形似鞭毛虫的单细胞生物。鞭毛虫是最接近于多细胞生物的单细胞生物，它具有细长的鞭毛。

在全球冰冻的严寒世界里，当时的生物肯定遭遇了巨大的打击，境遇无比悲惨。虽然缺乏化石等记录，无法弄清楚当时的情景，但是，或许可以说，“全球冰冻”才是地球史上最大的灭绝事件。

飘浮在宇宙中的巨大冰块

图片描绘了处于大冰期的地球。由于冰可以很好地反射阳光，所以，地球看上去白晃晃的，完全不像一个存在着生命的行星。

在第 78 ～ 79 页，我们将剖析地球出现大冰期的原因，以及与大冰期密切相关的氧气剧增的缘由。

生物“藏身于何处”？（1 ～ 3）

1、火山周围的温泉?

在地球整个覆盖着厚厚的冰层期间，火山活动也一直在持续。火山周围残留着一些没有结冰的区域，或许生物就是藏身于那里而幸运地存活了下来。

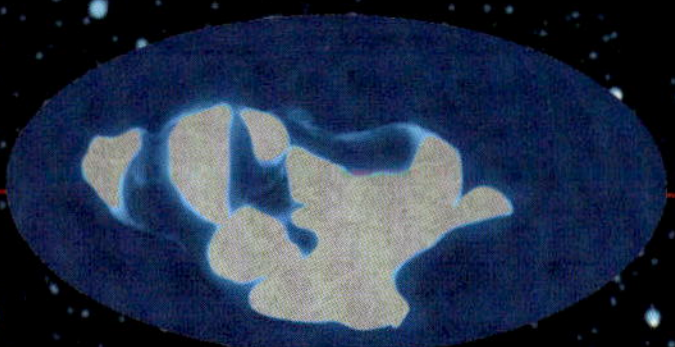

地图是基于澳大利亚科廷大学
李正祥教授等人的复原图制作的

2、被封闭在冰层中，处于“休眠”状态？

现在，南极黑暗而严寒的厚厚冰层下依然存在着进行光合作用的生物（蓝藻）。这种生物与矿物一起形成黑色块状物质，在冰冻期处于“休眠”状态，但是，当阳光照射进来，周围的冰融化后，就会从休眠状态中“苏醒”过来，开始光合作用。生活在地球大冰期的光合作用生物或许也是以同样的方式存活的吧。

3、海底热液喷口？

海底有热液喷口，海水被岩浆加热后与营养物质一起从喷口喷涌而出。可能生物在热液喷口附近幸运地存活了下来。

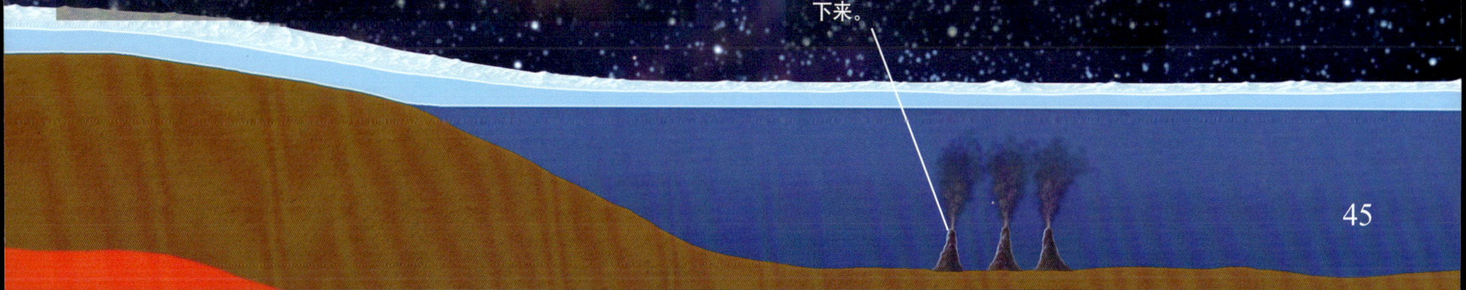

罗迪尼亚超大陆形成

几个大陆漂浮拼合到一起，在南半球形成了一个超级大陆——罗迪尼亚超大陆。在因大陆碰撞而形成的地域出现了高耸的山脉。由于当时陆地上没有植物等生物，因此，遍地都是岩石和砂砾，一片荒凉。

全球冰冻和寒武纪生命大爆发的“舞台”

罗迪尼亚超大陆的广阔陆地不断受到风雨的侵蚀，导致生物需要的营养物质——磷酸盐等从陆地不断流入沿岸的海水中。日本岐阜大学的川上绅一教授认为，这很可能是造成在浅海突然大量涌现新生命的寒武纪大爆发（参见第 38 ~ 39 页）的原动力。

“罗迪尼亚”（Rodinia）这个名字来源于俄语，原意是“故乡”或“母语”。后来，在沿海地区出现了埃迪卡拉动物群，并随之成为寒武纪生命大爆发的舞台，罗迪尼亚超大陆可谓名副其实的“母亲大陆”。此外，研究认为，陆地受到侵蚀也是导致全球冰冻的一大原因（参见第 78 ~ 79 页）。

在这之前的 12 亿年里，地球一直处于变化较少的稳定时代。下页，我们将一口气穿越 12 亿年的时光，回到单细胞生物实现飞跃性进化的时代，并见证这一激动人心的场面。

大陆聚集到南半球

图片为 9 亿年前出现的罗迪尼亚超大陆。大陆分布是根据澳大利亚科廷大学李正祥教授等人的复原图制作的。

关于大陆的分布，迄今为止，科学家只能精确地复原到 6 亿年前，时代越久远，复原的难度越大。罗迪尼亚超大陆到底是怎样分布的呢？一直以来，科学家对其分布细节争论不休，各持观点。地质学家根据世界各地残留的地质信息，就像拼图游戏一样，把陆地一块一块地拼凑到一起，从而复原了各个时代的大陆分布。

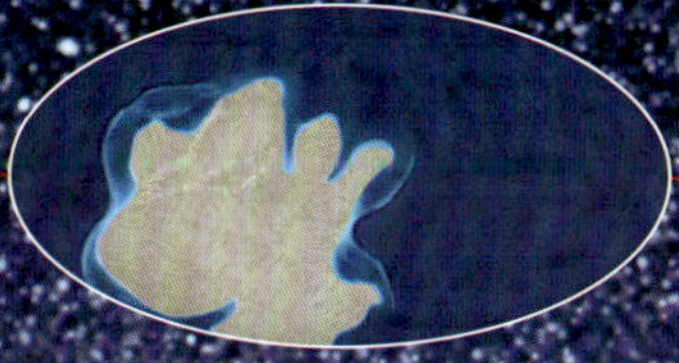

地图是基于澳大利亚科廷大学李正祥教授等人的复原图制作的

12:57 21亿年前

环境：氧气含量约0.1%，持续急剧增多　人类的祖先：真核生物

细胞内部大改造！真核生物出世

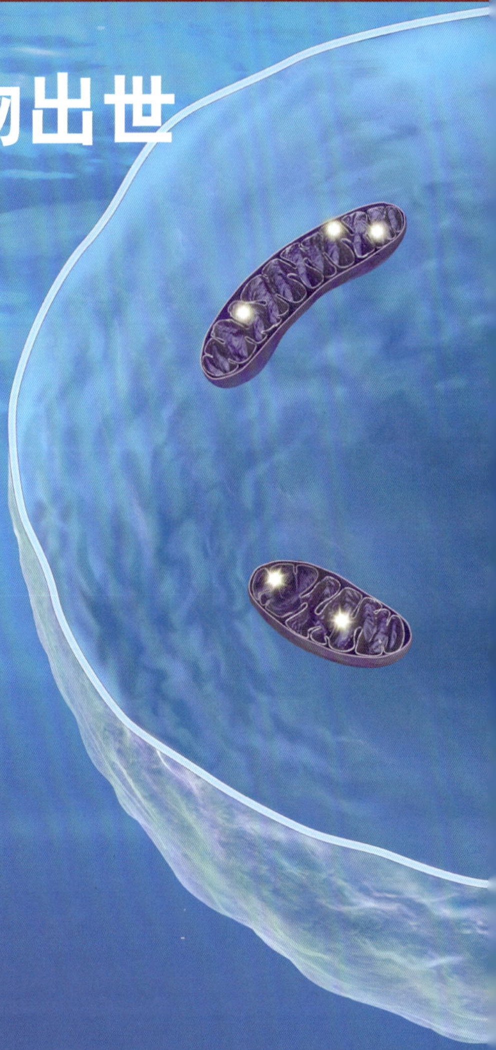

21亿年前，单细胞生物的结构发生了巨大的变化——拥有了用膜包裹着记录自身遗传信息的DNA的“细胞核”。于是，地球上第一次诞生了具有细胞核的生物——真核生物，尽管它们当时还只是最简单的单细胞生物。与之前的原核生物相比，真核生物的结构更加复杂，并具有各种器官。

线粒体就是其中的一个器官，通过氧化分解营养物质而生成能量，从而维系真核生物的生命活动。因此，研究认为，进化出线粒体是原核生物“跨越”到真核生物的一大关键。

以前，线粒体是一种独立的生物？

那么，真核生物是如何获得线粒体的呢？

在真核生物出现之前，地球上只存在着原核生物，它们的结构非常简单，DNA等“零件”散落在细胞内。一些痕迹表明，线粒体曾经是一种独立的生物，证据包括线粒体内部存在独立的DNA等。因此，研究认为，某种原核生物被吞噬到另一种原核生物体内，并最终成为了线粒体。

氧气的剧增是实现飞跃性进化的催化剂？

那么，为什么会出现飞跃性的进化呢？研究发现，当时，海洋和大气中的氧气含量开始急剧增多。利用氧气来分解营养物质，可以生成巨大的能量。因此，研究认为，一部分原核生物进化为有氧呼吸，而另外的原核生物则通过吞噬进行有氧呼吸的生物而适应了氧气含量持续增多的环境。

那么，在这之前，地球上是怎样的环境？其实，早期的地球上几乎没有氧气。当时的原核生物并不依赖于氧气而存活。下页，我们将欣赏到氧气剧增之前的地球风光。

也出现了能够进行光合作用的真核生物

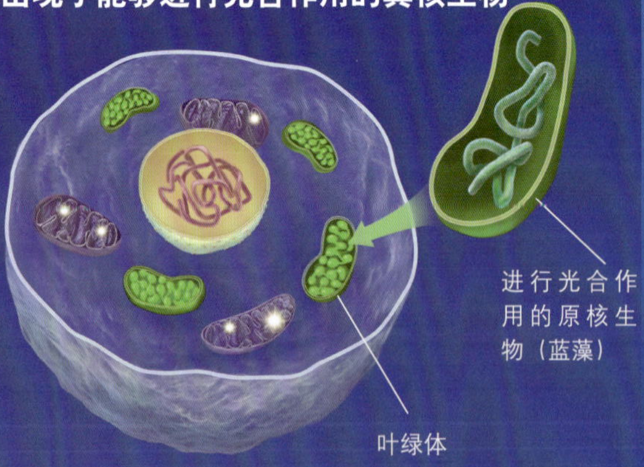

一些真核生物进化出了进行光合作用的细胞器——叶绿体。研究认为，被吞噬的可进行光合作用的原核生物最终成为了叶绿体。这种类型的真核生物后来进化成了植物。

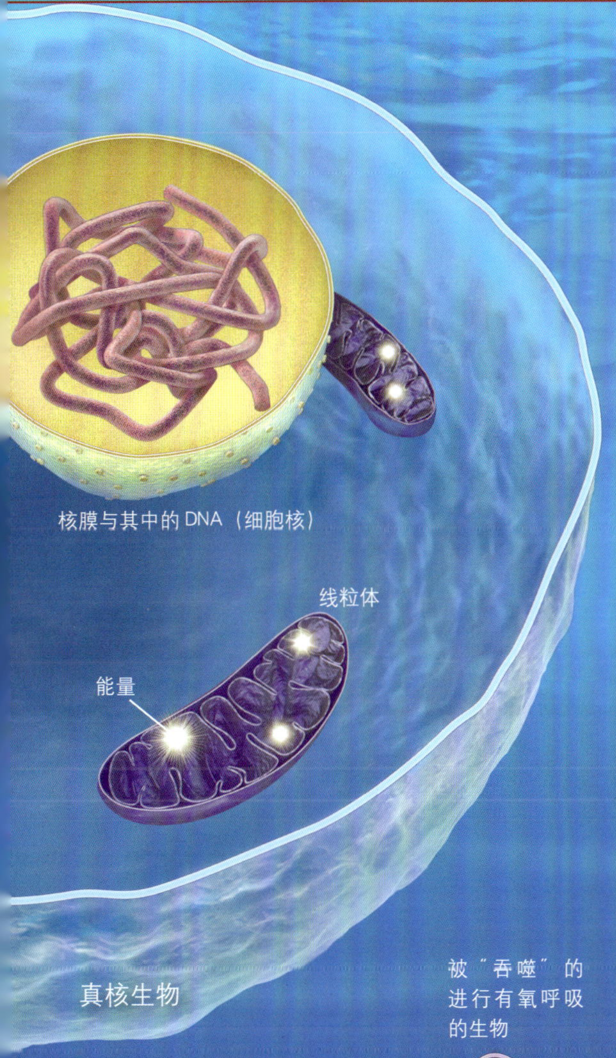

真核生物是怎样诞生的？细胞内共生学说（A ~ C）

现代真核生物具有各种各样的细胞器，结构远比原核生物复杂。真核生物在诞生之初，最先获得了哪种细胞器？对此，科学家众说纷纭，提出了各种各样的观点。这里介绍的“由甲烷菌产生的细胞内共生学说”是关于线粒体起源的一种学说，并受到广泛关注和普遍认可。图片按照 A → B → C 的顺序追溯了线粒体的进化过程。

A、出现了真核生物

出现了单细胞的“真核生物”，它拥有用膜包裹 DNA 的“细胞核”，并具有处理氧气的特殊细胞器——线粒体。

研究认为，真核生物具有比原核生物更为复杂的细胞器，后来进化成了动物和植物。

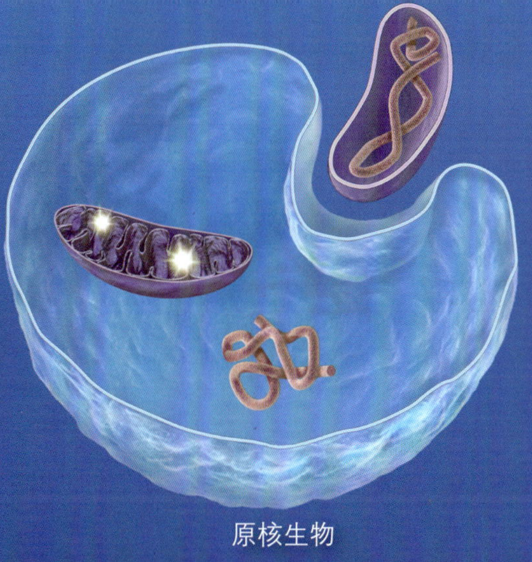

B、进行有氧呼吸的独立生物被吞噬了

某一天，宿主原核生物吞噬了一种进行有氧呼吸的生物，并开始“精心喂养”它。虽然线粒体以前是一种独立的进行有氧呼吸的生物，但是，被其他原核生物吞噬后，最终进化成了作为细胞器的线粒体。

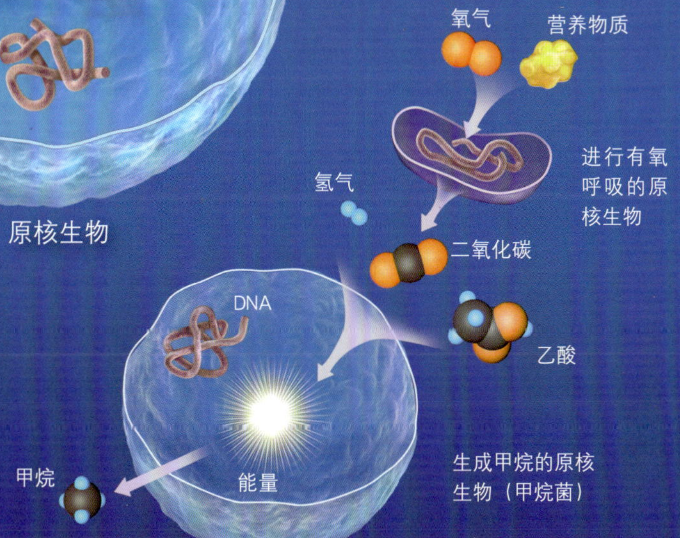

C、以前，两种生物形成了互惠互利的“共生关系”

为什么宿主原核生物吞噬了进行有氧呼吸的生物呢？一种观点认为，两者原本就是一种共生关系。以前，曾经存在一种吸收氧气和营养物质，排出氢气、二氧化碳和乙酸的原核生物。生活在其附近的另一种原核生物——甲烷菌近水楼台先得月，通过吸收这些氢气、二氧化碳和乙酸，排放甲烷，从而获得了能量。这两种生物处于一种互惠互利的共生关系。

地球表面覆盖着厚厚的冰层，碧空如洗，一望无际

22 亿年前，整个地球表面覆盖着厚厚的冰层，进入了地球史上第一次冰期。

进行光合作用的单细胞生物——蓝藻是这种“风景”的始作俑者。在这一时代稍前，蓝藻的光合作用非常活跃，并从大气中吸收了大量的二氧化碳。二氧化碳具有保温效果，含量剧减后，导致地球变得越来越冷，直至进入了大冰期。

在这一时期之前，天空变蓝了

与今天一样，那一时期的天空也是蔚蓝色的。不过，研究认为，在更加远古的时代，天空并不是蓝色的，蓝藻是带给地球蔚蓝天空的“幕后功臣”。

那么，在这之前，天空是什么颜色的呢？蓝藻又是怎样改变了天空颜色的呢？

氧气含量开始急剧增多，地球第一次进入冰期

悠悠碧空，万里无云，放眼望去，到处都是白茫茫的冰原。在距今 22 亿年，由于具有保温效果的二氧化碳急剧减少，地球变得越来越冷，进入了第一次冰期。

冰期的始作俑者——蓝藻也因全球冰冻而被“囚禁”在厚厚的冰层下，不得不减少了光合作用。不过，由于之后的大规模火山活动向大气中排放了大量的二氧化碳，冰开始消融，蓝藻才得以重新开始光合作用。

大陆：虽然有火山岛和小规模的大陆，但是其具体位置不详

09:48 **27 亿年前**

环境：氧气含量约 10 万亿分之 1，也可以说，地球上几乎没有氧气

大气中没有氧气，天空是红色的

27 亿年前，地球上的风景让人简直难以相信这就是人类的未来家园。天空发红，远远看去，云雾朦胧，一片模糊，甚至连倒映着天空颜色的海洋看上去也是红色的。

那时的大气成分与今天截然不同。大气中几乎没有氧气，而是充满了甲烷、二氧化碳等温室气体。由于大气中含有大量源自甲烷化学反应的微粒子，因此，整个天空看上去是红色的，而且朦朦胧胧。此外，海洋中含有丰富的铁离子。

恒星演化模型显示，当时的太阳亮度要比现在昏暗，给地球加热的能力还相对较低。不过，多亏二氧化碳和甲烷等强烈的温室气体，地球才得以维持温暖的环境，进行无氧呼吸的原核生物才得以存活下来。

叠层石：不断生长的岩石

叠层石是由蓝藻的尸骸和沉淀物等形成的层状岩石。蓝藻在叠层石表面进行光合作用，死亡后，其尸骸就成为下一代蓝藻的基础。于是，叠层石就会慢慢地长成圆柱形。现在，澳大利亚西部的鲨鱼湾依然有活的蓝藻形成的叠层石。

蓝藻让天空变成蔚蓝色

当时，地球上出现了大规模的蓝藻。蓝藻利用二氧化碳、水和阳光，通过光合作用生成自身组件，并释放出氧气。

蓝藻排放的氧气与海水中的铁离子发生反应，生成氧化铁，并沉积在海底。此外，氧气与大气中的甲烷发生反应，减少了甲烷含量。这样一来，甲烷产生的微粒子减少，朦胧模糊的天空开始变得蔚蓝清透。此外，光合作用不仅减少了大气中二氧化碳的含量，同时也增加了大气中的氧气含量。可以说，蓝藻花费了5亿年的时间彻底改变了地球环境。

在比27亿年前更早的时代，地球上根本没有氧气，生物是在哪里生活的呢？下页，我们将一起探寻它们的踪迹。

几乎没有氧气的地球

大气成分为氮气、二氧化碳、甲烷等。由于大气中的微粒子较多，所以，远处看上去朦朦胧胧，天空发红。

所有生物的共同祖先生活在海底热液喷口？

在 35 亿年前漆黑的海底，耸立着许多喷发黑色浑浊热液的“烟囱”。热液中含有丰富的有机物和硫化氢。对生物来说，有机物是维系生命必不可缺的美食。那些林立的烟囱——深海热液喷口——被公认为是所有生物的“共同祖先”的家园。

海水沿着海底裂缝向下渗透，被地热加热升温（最高温度可达 350℃）后，又沿着裂隙对流上升并在海底喷发，喷出的地方就是热液喷口，也称海底热泉。由于海底的水压非常高，热液温度虽然远远超过了 100℃，但是也不会沸腾。

热液将硫化氢等易发生化学反应的物质以及甲烷等简单的有机物从地下“搬运”到海底。喷出的物质与海水中的物质混合后，温度降低，发生化学反应，形成黑色的微颗粒，看上去非常像烟，因此，热液喷口也称为“黑烟囱”。此外，由于大量的微颗粒沉积在喷口周边，所以就形成了“烟囱结构”，高度甚至可达几十米。

现代生物基因分析的结果表明，所有生物的共同祖先适应了高温环境，因此，研究认为，生物的共同祖先曾经生活在食物丰富的热液喷口。

化学反应所生成的微粒子“烟雾”

热液喷口是制造生命材料的“实验室”？

一些学者认为，热液喷口不仅是生物的共同祖先的“住所”，还是地球上最早生命的诞生地。以热液中的简单有机物为基础，生成了 DNA 和蛋白质等复杂的有机物，最终诞生了原始生命。

黑烟囱中喷出的热液温度最高可达 350℃，DNA 和蛋白质等复杂的有机物根本无法承受如此高的温度。不过，在黑烟囱的周围，通常分布着“白烟囱”（喷出温度较低的温水）。此外，从烟囱壁的海绵结构不断渗出温度降低的热水。在这些地方有可能发生了各种化学反应，并形成了复杂的有机物。也许热液喷口是布满大量试管的天然“化学实验室”吧。

烟囱壁内是生物的乐园?

由于热液喷口内充满了最高 350℃的热水，因此，生物无法存活。不过，烟囱壁的内部是海绵结构，热液与海水混在一起成为温水后向外渗出。海绵结构内的温度较低，含有丰富的硫化氢、甲烷等可当作生物能量之源的物质。因此，如今在烟囱壁内依然繁衍栖息着大量的微生物。也许生物的共同祖先也曾经栖息在这里。此外，有些学者认为，这里还是最早生命的诞生地。

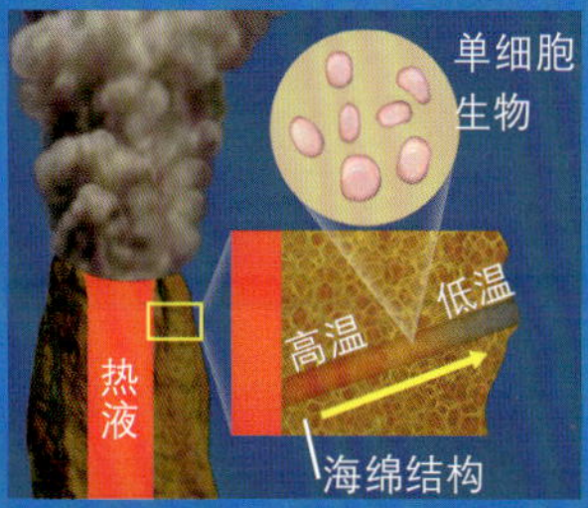

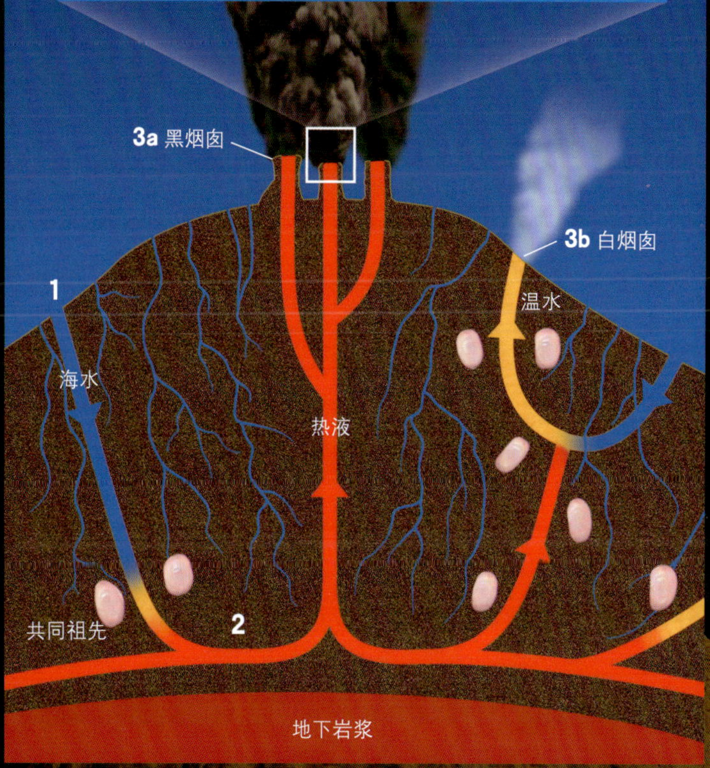

热液喷口的机制

1、海水渗透到海底之下几千米深处

2、在地下形成生物的“能量之源”

海水渗透到海底之下几千米深处，被最上层炽热的玄武岩岩浆加热到最高 350℃。这时，热水与玄武岩之间发生了各种各样的化学反应（还原反应），生成了氢离子、硫化物离子、甲烷、二氧化碳以及各种金属离子，它们都是可当作生物能量之源的物质。

3a、喷出最高 350℃热液的“黑烟囱”

热液“携带着”在地下所生成的物质，几乎未经任何冷却就急剧上升，从海底喷涌而出。这时，热液的温度降低，或者与海水中的成分发生化学反应，生成微颗粒，升起浓浓的“黑烟”。

3b、喷出 20 ～ 100℃热水的“白烟囱”

从地下上升的热液与渗入的海水混在一起，在海底下发生了化学反应，微颗粒沉积在海底下。随后，向海中喷出白色或透明的温水。这种类型的喷口称为“白烟囱”或者“透明烟囱”，温度在 20 ～ 100℃之间，因此，生物在白烟囱的地下完全可以生长繁殖。

环境：被地磁场、大气和海洋包围着

地球具备了生命能够生存的环境

在 38 亿年前，地球——这个诞生于温度极低的宇宙空间的“庇护所”终于实至名归，形成了适合生命生存的环境。地球内部分成了地核和地幔，周围被海洋、大气和地磁场所包围，这些都是生命诞生必不可少的要素。

地核、大气、海洋和地幔各自发挥什么作用?

地核位于地球的中心，主要由铁等金属元素组成。由于地核中的液态铁可以流动，因此，在地球周围形成了地磁场。地磁场可以遮挡来自太阳的高速粒子（太阳风，一种对生物有害的射线）等。

由于大气中含有丰富的二氧化碳等温室气体，因此，尽管当时的太阳亮度比现在昏暗，但是，地球依然非常温暖，水才能够不结冰而以液态形式存在。

海洋则将热量从容易被阳光加热的赤道“搬运”到难以加热的两极，实现了给整个地球加热的作用。

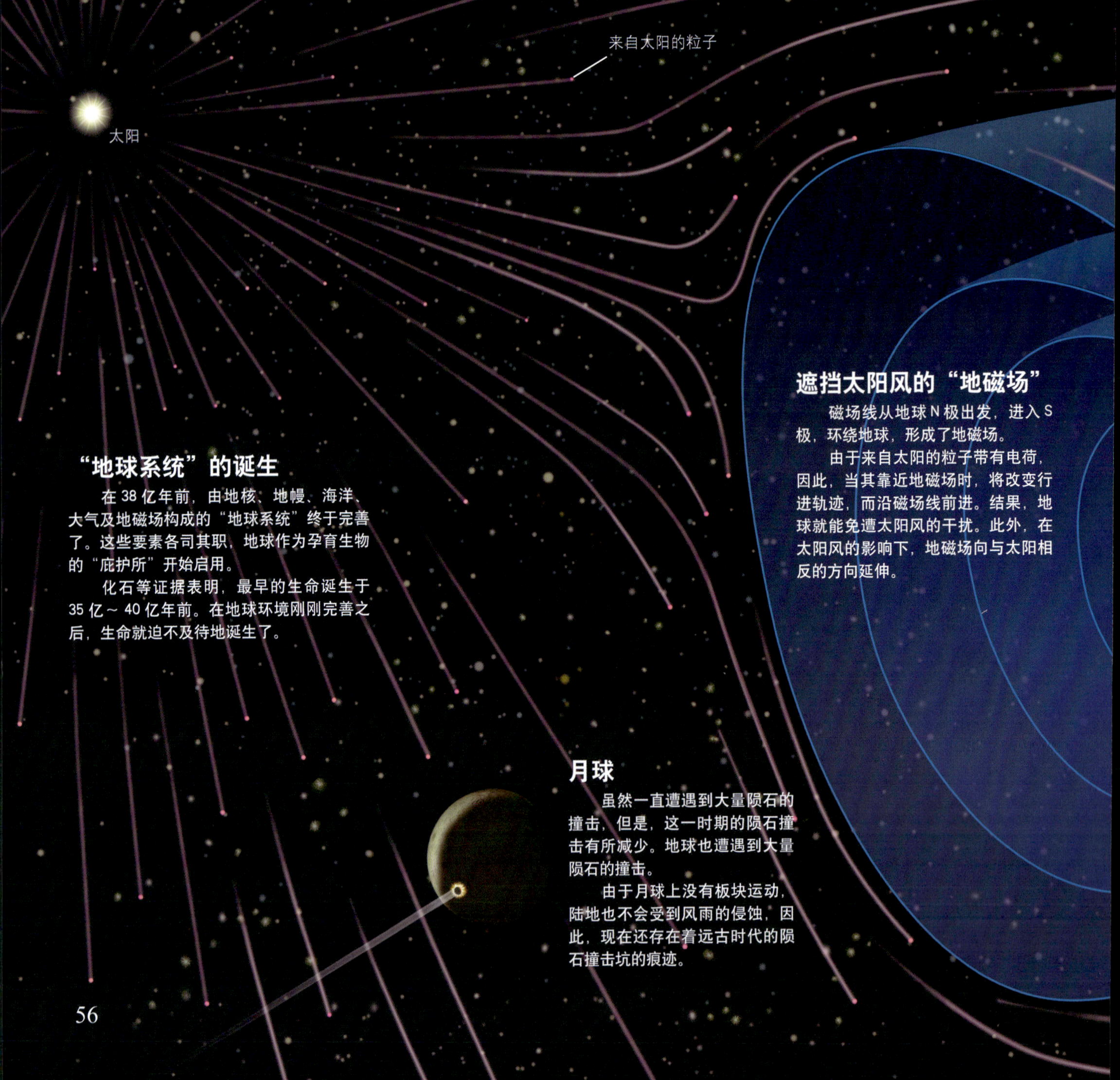

遮挡太阳风的“地磁场”

磁场线从地球 N 极出发，进入 S 极，环绕地球，形成了地磁场。

由于来自太阳的粒子带有电荷，因此，当其靠近地磁场时，将改变行进轨迹，而沿磁场线前进。结果，地球就能免遭太阳风的干扰。此外，在太阳风的影响下，地磁场向与太阳相反的方向延伸。

“地球系统”的诞生

在 38 亿年前，由地核、地幔、海洋、大气及地磁场构成的“地球系统”终于完善了。这些要素各司其职，地球作为孕育生物的“庇护所”开始启用。

化石等证据表明，最早的生命诞生于 35 亿～40 亿年前。在地球环境刚刚完善之后，生命就迫不及待地诞生了。

月球

虽然一直遭遇到大量陨石的撞击，但是，这一时期的陨石撞击有所减少。地球也遭遇到大量陨石的撞击。

由于月球上没有板块运动，陆地也不会受到风雨的侵蚀，因此，现在还存在着远古时代的陨石撞击坑的痕迹。

大陆：虽然有火山列岛等，但是，大部分的地表都被海洋覆盖着

地幔是位于地核周围的岩石层，虽然是固体岩石，但是，通过热岩石上升、冷岩石沉降的方式，能够缓慢对流。在这个过程中，通过热液喷口和火山，生成了生命活动能量之源的物质。此外，地幔对流形成了火山岛，陆地逐渐增多。

除此之外，地核、大气、海洋和地幔还有许多功能，它们协调一致，共同发挥作用，从而确保了适合生物生存的环境。

孕育生命的环境是如何形成的？

研究认为，在形成适合生物生存的环境之前，地球经历了动荡不安的时代。那么，能够孕育生命的环境是如何形成的呢？从下页开始，时光将倒流回地球诞生的那一刻。

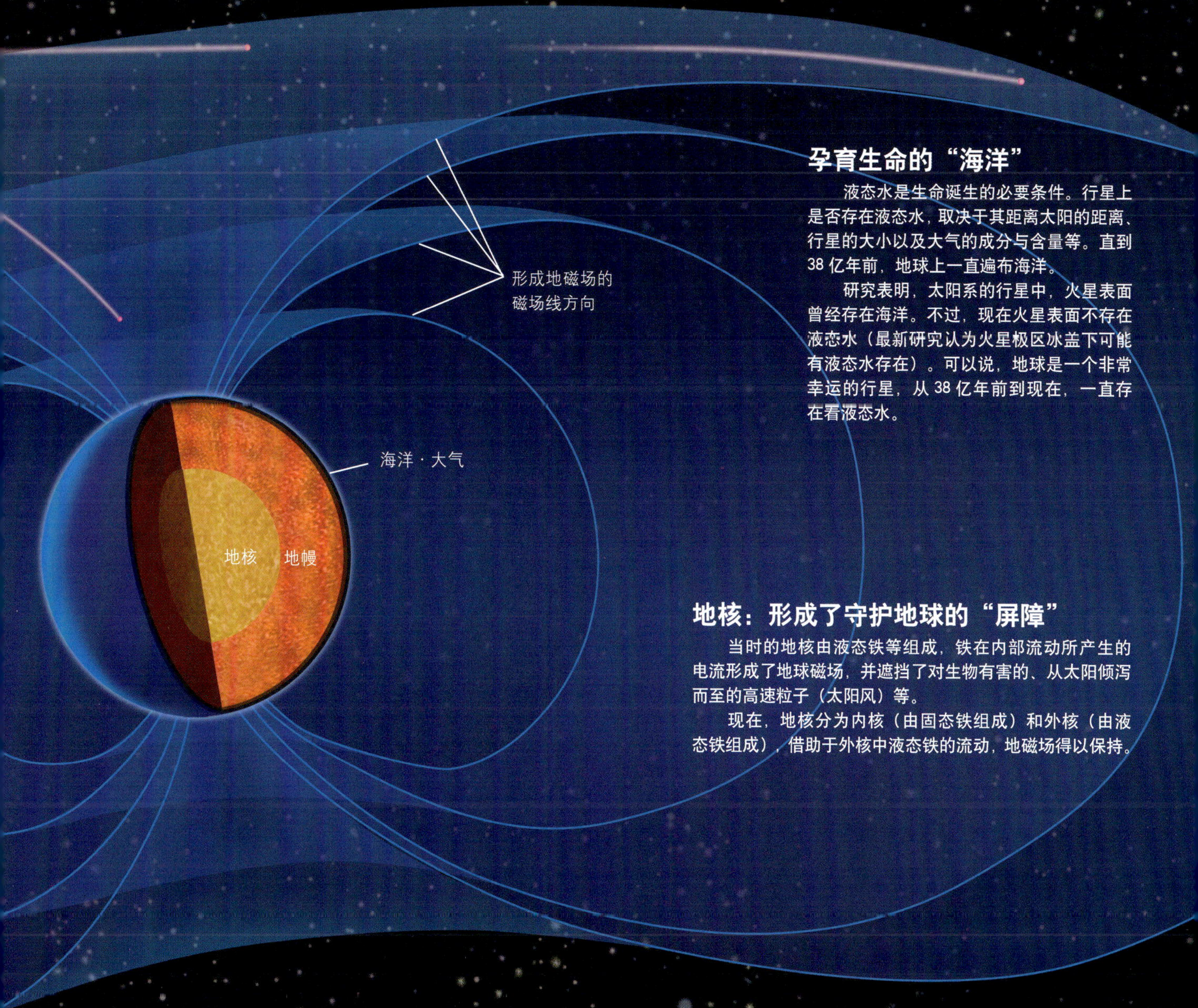

孕育生命的“海洋”

液态水是生命诞生的必要条件。行星上是否存在液态水，取决于其距离太阳的距离、行星的大小以及大气的成分与含量等。直到38亿年前，地球上一直遍布海洋。

研究表明，太阳系的行星中，火星表面曾经存在海洋。不过，现在火星表面不存在液态水（最新研究认为火星极区冰盖下可能有液态水存在）。可以说，地球是一个非常幸运的行星，从38亿年前到现在，一直存在看液态水。

地核：形成了守护地球的“屏障”

当时的地核由液态铁等组成，铁在内部流动所产生的电流形成了地球磁场，并遮挡了对生物有害的、从太阳倾泻而至的高速粒子（太阳风）等。

现在，地核分为内核（由固态铁组成）和外核（由液态铁组成），借助于外核中液态铁的流动，地磁场得以保持。

环境：大量物质散布在周围的宇宙空间里。其中的大部分开始向地球坠落。

月球诞生，地球命运发生了改变

大约45亿年前，地球表面熔化，构成地球的大量物质形成一个“圆盘”，环绕着地球。虽然大部分的物质向地球坠落，但是一部分相互吸引靠近聚合在一起，并开始围绕地球公转。这就是月球诞生的学说之一“大碰撞假说”所描绘的月球诞生的情景。

为什么地球的组成物质散布到宇宙空间了呢？这是因为原始地球受到了一个火星大小的天体的撞击。

假如没有发生大碰撞，地球上会是怎样的情景？

这一偶然事件在极大程度上改变了地球的历史。大碰撞假说认为，当时地球上绝大部分的水蒸气都飞散消失了，地球丧失了水分，变得非常“干燥”。那么，如今地球上的水又是来自哪里呢？研究认为，现在的水来源于后来撞击地球的大量陨石中所含的水。

假如没有发生大碰撞，地球会是什么样子呢？原有的水分得以保留，再加上后来陨石带来的水，说不定地球上的陆地全部都被淹没，也就不会诞生陆生生命吧。

此外，如果没有形成月球的话，地球上的1天也许会变得更短。那时，地球上的1天只有5小时。月球诞生后，在月球与地球之间的引力（潮汐力）作用下，地球上的1天逐渐变长，直到变成现在这样。

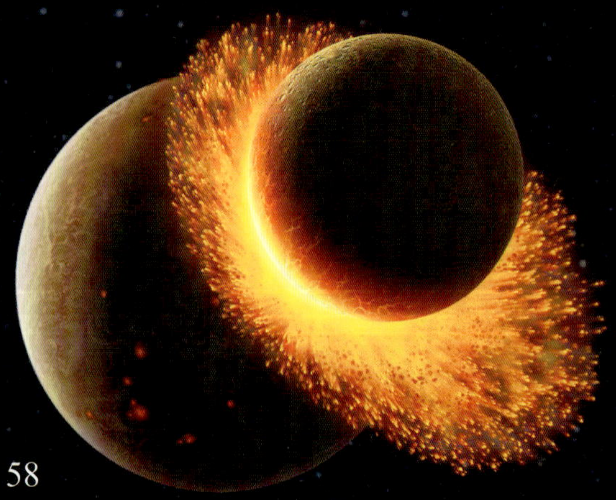

一个火星大小的天体猛烈撞击了地球

一个火星大小的天体向地球飞来，并斜着猛烈撞击到地球，导致地球上的大量物质飞散到宇宙中。

当时，太阳系中存在着许多直径几千米以内的“星子”，它们频繁地撞击地球。大碰撞假说认为，这次的撞击与星子的撞击根本不可类比，而是一次异常猛烈的撞击。

在地球周围形成了岩石盘

因大碰撞而熔化的残骸四处飞散到周围的宇宙中。飞散的岩石环绕在地球周边，宛如一个“圆盘”，并开始四处漂荡。大部分的岩石都坠落到了地球。大碰撞假说认为，地球与一个火星大小的天体发生了猛烈碰撞，大量物质飞散到地球周围的宇宙空间中，其中的一部分最终形成了月球。另外一种月球起源说“同源说”则认为，地球与月球是由同种材料构成的，并且是同时诞生的。

正在形成月球的岩石“聚集体”

圆盘状分散的残骸的外侧物质聚集在一起，最终形成了月球。月球的成分与地球几乎完全相同，这是因为大碰撞所导致的残骸很好地混掺在一起的缘故。

地球被黏稠的厚厚的岩浆所覆盖

星子在地球引力的作用下，不断向地球靠近，并越发猛烈地频繁撞击地球。撞击地球后，星子蒸发解体，成为了覆盖地球的岩浆海洋的一部分。

历经无数次的碰撞之后，地球开始逐渐变大。当时的地球半径只有大约4000千米，仅是现在的60%。

随着地球越来越大，引力也日益增大，因此，星子开始加速运动。来自星子的撞击不仅越发猛烈，而且撞击频率越发加快，使得地球上的岩浆海洋甚至达到了数百千米深。

岩浆海洋孕育了地核与地幔

当时，岩浆成分中熔化的铁因为较重而沉积在岩浆海洋的深处。炽热的铁将下方的岩石熔化，并继续向地球中心沉降。地核与地幔等地球的内部结构正在逐渐形成。

被岩浆海洋覆盖的地球上，根本不可能存在生命。不过，在岩浆海洋的下面，地球内部分化出地核与地幔。而这一变化与后来导致大陆漂移的地幔对流以及地磁场的诞生有着密切的关系。

地球在遭受重创后浴火重生，踏上了从一块岩石向适合生命存在的行星蜕变的艰辛历程。

那么，更幼小时期的地球是什么样子的呢？下页，我们将见证比此时“年轻”1000万岁的地球。

被岩浆海洋覆盖着的地球

随着地球的个头越来越大，受到星子的撞击也越发猛烈，地球表面被厚厚的熔岩覆盖着，成为一片岩浆海洋。

来自岩浆海洋的热量将更深处的岩石熔化，形成了地球的内部结构。较重的铁聚集在中心，形成了地核。较轻的岩石则移动到地核外侧，形成了地幔。

在分化出地核与地幔后，地核变得越发炽热，地幔则逐渐变冷。这时的地球处于有史以来唯一一次“外部比内部更热”的时期。

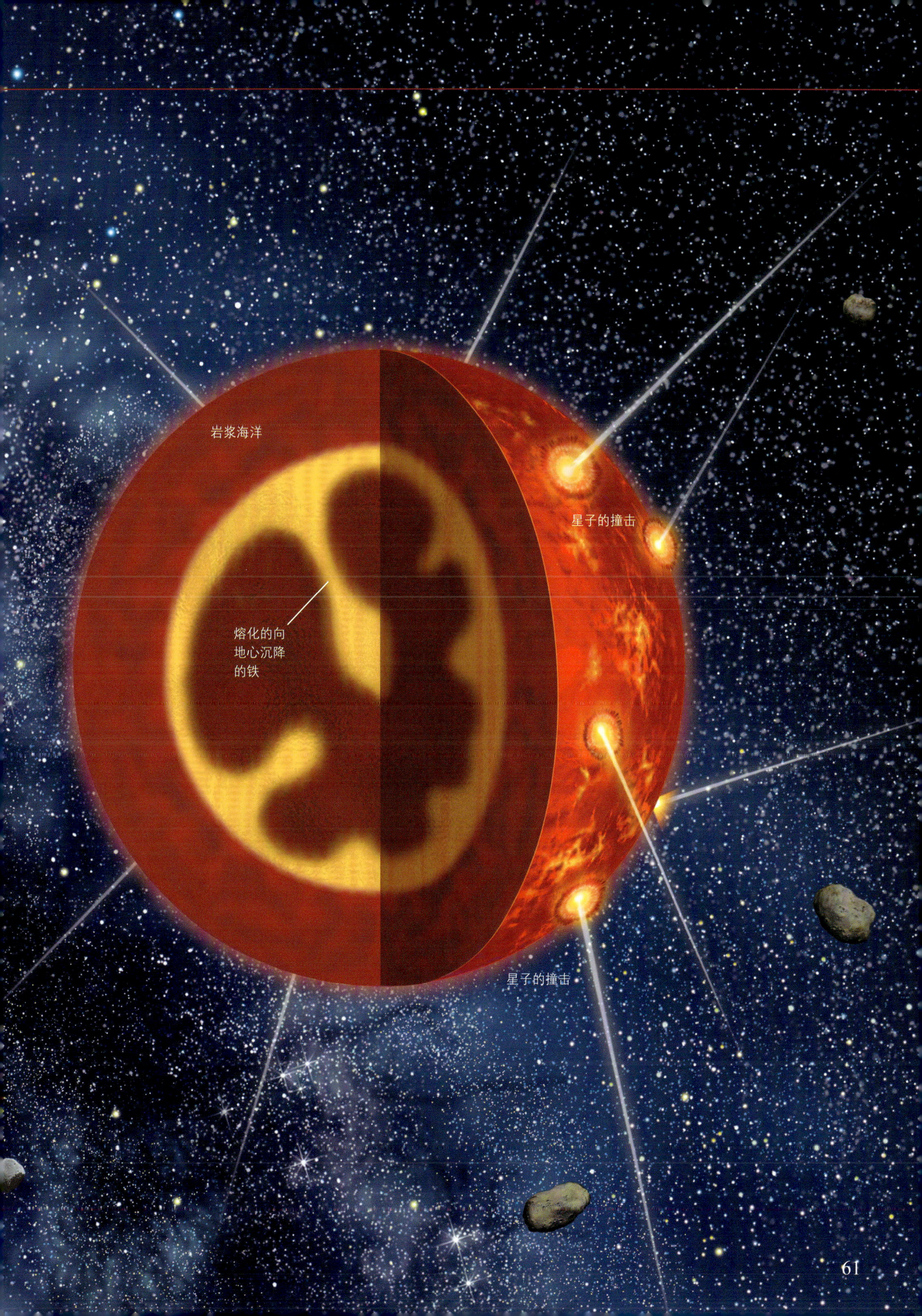
岩浆海洋
星子的撞击
熔化的向
地心沉降
的铁
星子的撞击

大量星子相互碰撞合并，原行星开始成长

那时，太阳系中散布着大量星子，它们不断碰撞合并，形成了更大的星体——原行星。其中，一块椭圆形的岩石明显大于其他岩石，格外引人注目，这就是开始急速成长的原行星——未来的地球。

当时的地球半径约1000千米，只是现在的15%左右。在受到较大星子撞击的地方，星子及其周围的物质熔化，形成了岩浆池。由于这一阶段的地球还相对较小，引力也较小，碰撞所产生的能量还无法形成岩浆海洋。

地球在行星之间的“岩石聚集大赛”中胜出？

星子经过不断碰撞合并，变得越来越大，其引力也越来越大，开始吸引远处的星子向自己靠近。这样一来，地球的“种子”（原行星）不断吸引周围的星子靠近，并将其合并为自己的一部分，因而变得越来越大。研究认为，地球是原行星之间多次相互碰撞合并而成的。

太阳系的其他行星也是以同样的方式成长起来的。不过，地球的个头大于火星和金星，这成为决定后来地球环境的一大转折点。

火星质量只有地球的10%，引力也较小，因此，火星上的大气都逃逸到宇宙空间了，遗留下来的大气非常稀薄，无法产生足够的温室效应，因此，现在火星上非常寒冷，平均温度只有 −43℃。

幸运的是，地球长成了一个大块头，才得以长期维持适合生命存在的环境。

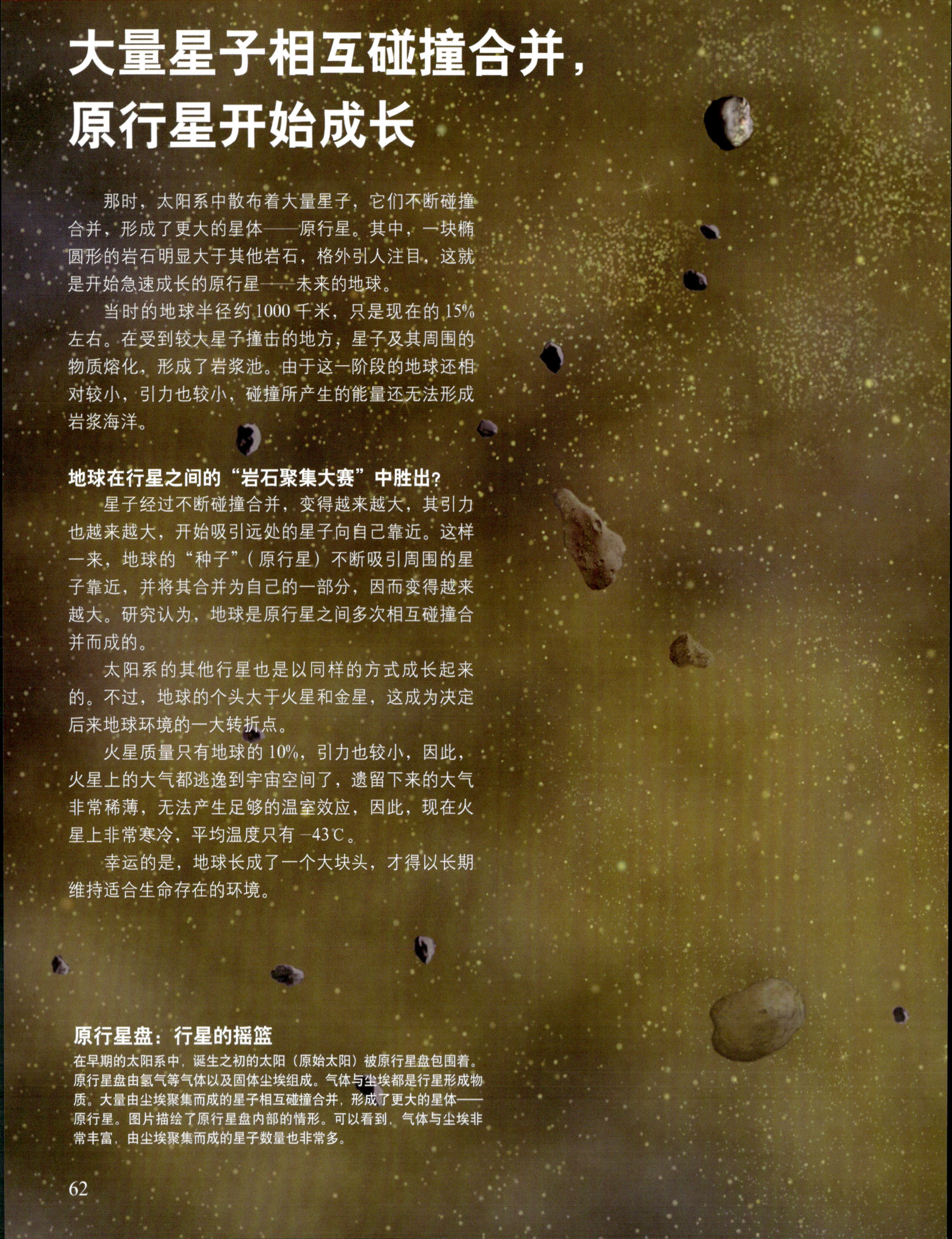

原行星盘：行星的摇篮

在早期的太阳系中，诞生之初的太阳（原始太阳）被原行星盘包围着。原行星盘由氢气等气体以及固体尘埃组成。气体与尘埃都是行星形成物质。大量由尘埃聚集而成的星子相互碰撞合并，形成了更大的星体——原行星。图片描绘了原行星盘内部的情形。可以看到，气体与尘埃非常丰富，由尘埃聚集而成的星子数量也非常多。

开始成长的地球“种子”

星子经过不断碰撞合并，变得越来越大。撞击处的岩石熔化。最初，地球只不过是一块“炽热的岩石”。

00:00 45.67 亿年前

环境：地球尚未形成，原行星盘中分布着大量的星子，它们相互猛烈碰撞，合并为一体

星子之间的第一次碰撞：地球历史的开端

环绕原始太阳的原行星盘主要由气体与尘埃组成，里面分布着超过 100 亿个星子。其中的两个星子发生了猛烈碰撞，合并在一起。请记住这一具有历史意义的时刻——地球历史的开端，前文介绍的所有事件都是从这一瞬间开始的。

在大约 46 亿年之后的今天，星子碰撞所产生的能量依然以地热的形式储存在地球内部，并成为地幔对流的原动力。地球深处的炽热岩石密度变轻，产生上升流，冷却后的岩石密度变重，又沉降到地幔中，这一过程称为“地幔对流”。地幔对流可以从地球内部向地表输送和释放热量。

在大约 46 亿年的漫长时间里，地球一直在不断地释放热量。其中很重要的一个理由就是，质量越大的物体，冷却所需的时间越长。此外，地球内部的放射性物质转变为其他物质时所生成的热（衰变热）也在持续不断地释放出来。

在 46 亿年之后的今天，地球依然没有冷却下来，依旧在不断地释放这些热量。N 翻译／魏俊霞

生物在寒武纪大爆发前就登上陆地了吗？

曾被认为是海洋生物的化石有可能是陆生真菌或苔藓

生物是什么时候登上陆地的？目前公认是在“寒武纪大爆发”之后的奥陶纪，距今大约4.7亿年。然而，根据美国俄勒冈大学一个研究小组发表的论文，生物进入陆地的时间比以往认为的要早1亿年，为距今约5.7亿年。

生命诞生于海洋，并且在很长一段时间里，演化的主舞台位于水中。生物飞跃性演化的一个转折点便是发生在约5.2亿年前的“寒武纪大爆发”。根据化石的证据，今天生活的各种动物类群（门一级分类单元）在这一时期几乎已经全部出现。不过，根据分子系统学的研究，各种动物类群估计在寒武纪爆发之前就已经有所分化。

又过了数千万年，生物登上陆地。最早登上陆地的是一种地钱（苔类植物），大约在4.7亿年前。最早登上陆地的动物是一种节肢动物，大约在4.3亿年前。

生物登陆时间要提前1亿年？

美国俄勒冈大学地质学专业研究小组在2013年1月的《自然》杂志上发表的论文中提出了颠覆性的假说。认为在寒武纪之前的埃迪卡拉纪（约6.35亿～5.41亿年前），有一部分生物已经生活在陆地上。

在传统印象里，埃迪卡拉生物群被认为像右页上方的插图一样，是一群形似软体动物和藻类的生物，生活在浅海的海床上。然而，研究小组详细研究了澳大利亚保存着埃迪卡拉生物群化石的地层，对其中的岩石开展了详细的成分分析，结果发现这些地层并不是海洋沉积物，而是类似于苔原（仅在夏季解冻的寒冷区域的平原）的土壤。

那么，这些在陆地上生活的生物是怎样的呢？作为埃迪卡拉生物群著名代表的“狄更孙水母”，基于化石形态，一直被认为是“环节动物”，或者是不同于现生任何一类生物的谜一样的“文德生物”（Vendobionta）。然而，当研究小组重新研究了包含狄更孙水母在内的各种埃迪卡拉生物化石的上下地层时，发现在许多化石的下方有约1厘米长的管状结构。

这种管状结构与苔藓或地衣等用于固定在土壤中的菌丝构造类似。地衣是真菌和绿藻（或蓝藻）的共生体，外观类似于苔藓。

也就是说，之前一直认为生活在浅海海床上的一部分埃迪卡拉生物，可能是在陆地上繁衍的苔藓等类群。如果这个理论是正确的，生物登上陆地的时间将比之前认为的要早大约1亿年。

寒武纪大爆发的触发原因?

这个结果将很大程度上改变人们对埃迪卡拉纪时期生物的看法。不过，目前仍有许多不同意见，研究人员还在持续争论中。但如果这一假说可信的话，或许就能揭示寒武纪大爆发的原因。

若是埃迪卡拉生物群生活在陆地上，寒武纪之前的陆地就并非不毛之地，而是能让苔藓等扎根的富饶土壤。下雨时，这些土壤的矿物质等会流入海中，结果可能便会形成适合小型浮游生物繁殖的地方。这样富足的陆地和海洋环境，可能就是导致寒武纪大爆发这一剧烈变化的其中一个原因。N 翻译/郑文杰

登上陆地的埃迪卡拉生物群?

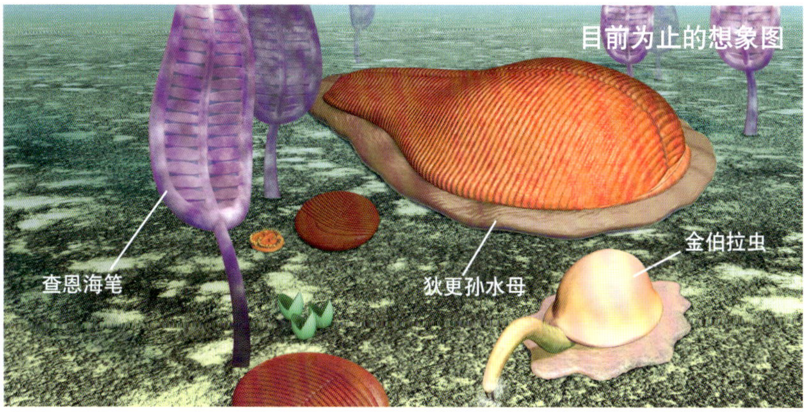

在传统观念中，埃迪卡拉生物群一直被认为是生活在浅滩的软体动物和藻类等。然而，根据这项研究，它们有可能是生活在陆地上的苔藓和地衣。

2

地球·生命史溯源

在第 1 章，我们一起穿越回遥远的过去，纵览了描绘地球和生命 46 亿年历史的长卷。第 2 章将更深入地探讨决定地球与生命命运的重要事件。阅读这一章后，地球和生命的历史应该会变得更加鲜活有趣。

解读地球与生命历史的关键词

地球和生命经历过许多重大事件。在此背景下，各种因素相互影响的现象越来越明显，如大陆漂移促进生物的进化、植物的光合作用导致了地球气候剧变等。

接下来，我们将通过“大陆漂移”“地幔运动”“生物大灭绝”“全球冰冻”“氧气剧增”“进化系统树”这 6 个关键词来溯源地球和生命的历程。

哺乳动物跌宕起伏征途的“领路人”

一提到有袋类动物，大家马上就会想到澳大利亚的树袋熊和袋鼠，它们可谓有袋类动物里的超级明星。或许，很多人都认为有袋类动物是澳大利亚特有的物种吧。

其实，在南美大陆和南极大陆也都发现过各种各样有袋类动物的化石。这意味着有袋类动物曾经在这里繁盛一时。可是，为什么这些地方的有袋类动物都灭绝了呢？为什么它们会生活在与澳大利亚相距如此遥远的地方？下面，让我们一起追寻有袋类动物在大陆漂移的“推波助澜”下跌宕起伏的演化历史吧。

南美大陆在历史上长期与世隔绝，有袋类动物曾经在这里繁盛一时。不过，最迟在距今300万年前，南美大陆与北美大陆发生剧烈碰撞并连在了一起，形成了如今的巴拿马地峡。生活在北美大陆的“北方兽类”（哺乳动物的一类）浩浩荡荡地涌入南美大陆，并与这里的“原住民”——有袋类动物展开了激烈的争斗。在弱肉强食的生存竞争中，有袋类动物一败涂地，绝大部分均灭绝了。

此外，生活在南极大陆的有袋类动物也由于气候越来越冷而最终灭绝。于是，原本生活在3个大陆的有袋类动物，仅仅在澳大利亚繁荣发展至今。

时光倒流回1.05亿年前。当时，南美大陆、绿地遍野的南极大陆以及澳大利亚大陆还能够首尾相连，广袤的土地成为有袋类动物生存的天堂。后来，“三兄弟”开始“分家”，“归属于哪位兄弟”决定了有袋类动物其后截然不同的命运。

狮子是外来物种？

现今，大象、狮子和瞪羚是非洲最具代表性的动物。其实，这3种动物中，只有大象才是非洲大陆土生土长的“原住民”。下面，让我们一起探寻这些动物的迁移与演化历程吧。

在距今2000万年前，非洲大陆与欧亚大陆发生碰撞并连在一起，狮子和瞪羚也趁机“移民”到了非洲。毫不夸张地说，现今非洲肉食动物的代表狮子是一个地地道道的“外来户”。与此同时，非洲的“原住民”大象也“移民”到了欧亚大陆，并演化为亚洲象和猛犸象。

狮子和瞪羚属于在欧亚大陆和北美大陆演化而来的北方兽类。大象属于在非洲大陆演化而来的非洲兽类。它们都属于哺乳动物中的真兽类。此外，真兽类动物中还包括在南美大陆上出现的异关节类动物。

为什么真兽类动物分为北方兽类、非洲兽类与异关节类这3大类呢？这是因为联合古陆——盘古超大陆在1.05亿年前分裂为北半球的劳亚大陆、南美大陆和非洲大陆的缘故。此后，历经1亿年的漫长时光，在距今2000万年时，大象和狮子的祖先终于相逢了。

猴子是如何漂洋过海到达南美大陆的？

大陆的分裂、移动和碰撞对哺乳动物的演化起到了推波助澜的作用。不过，诸事皆有例外，在动物的演化史上也能找到几个“异端”——与大陆移动的历史不一致的另类。生活在南美大陆的新大陆猴类就是其中一例。

在距今1.05亿～300万年间，南美大陆一直与世隔绝，和其他大陆远隔重洋，是异关节类和有袋类动物的“伊甸园”。但是，科学家在距今2600万年前的南美地层中突然发现了猴子（北方兽类）的化石。

针对这一谜团，科学家认为最好的解释是浮岛假说。浮岛是指由树枝枯草等聚集在一起，形成的漂浮在水面的“诺亚方舟”。偶尔会有一些浮岛越来越大，甚至能够像普通岛屿一样生长出树木。猴子们就是搭乘这些浮岛，顺着洋流，幸运地从非洲抵达了南美洲。

生物化石是大陆漂移的最好证据

大陆的分裂和碰撞与物种的多样化有着密切的关系。化石就是大陆漂移最好的证据。例如，舌羊齿是一种已经灭绝的裸子植物，其化石广泛分布在南美大陆、非洲大陆、南极大陆和澳大利亚等地。这意味着，上述大陆以前曾经形成了一个泛大陆——盘古超大陆。

大陆漂移与哺乳动物的演化

哺乳动物的种类非常丰富。当盘古超大陆分裂后，哺乳动物分别在各个大陆上完成了演化的历程，这也是其物种多样化的原因之一。

北美大陆与南美大陆碰撞（约300万年前）

北美大陆与南美大陆的碰撞为北方兽类与异关节类及有袋类动物的相遇创造了机会。北方兽类生活在北美大陆。异关节类和有袋类动物生活在南美大陆，但随着“外来移民”北方兽类的入侵而几乎灭绝了。

随着地球越来越冷，南极大陆被厚厚的冰层覆盖得严严实实，生活在这里的有袋类动物因严寒而灭绝了。然而，在与南极大陆分离、已经漂移到中低纬度地区的澳大利亚，有袋类动物却幸运地存活了下来。

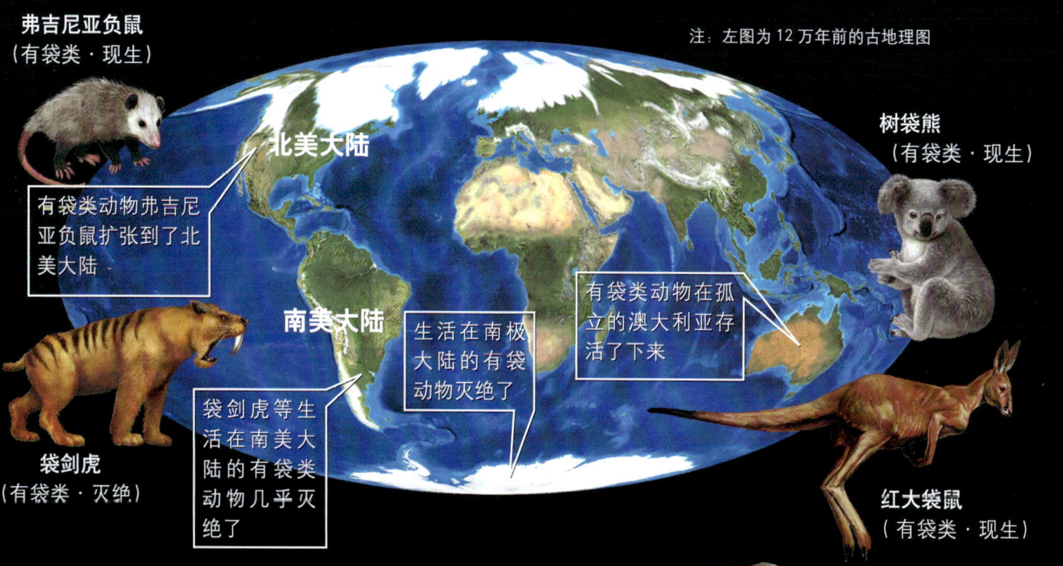

欧亚大陆与非洲大陆碰撞（约2000万年前）

澳大利亚和印度快速向北方进发，印度已经撞上欧亚大陆，北半球的陆地大多拼合在一起，形成了现今的北美大陆和欧亚大陆。这时，欧亚大陆与非洲大陆发生碰撞，使得北方兽类与非洲兽类相遇。

盘古超大陆分裂（约1.05亿年前）

这时，盘古超大陆分裂为劳亚大陆、非洲大陆和南美大陆。最先分裂出来的劳亚大陆再次分裂。

真兽类动物开始在各大陆独自演化。劳亚大陆上出现了北方兽类，南美大陆上出现了异关节类，非洲大陆上则出现了非洲兽类。这时的南美大陆与南极大陆可由浅海连通，有袋类动物来到南极，并一路走向澳大利亚。可是，为什么真兽类动物没有来到南极呢？科学家尚不清楚其中的原因。这时，恐龙统治着整个地球，真兽类动物还只是形似老鼠的小型动物。图中列举了一些现生生物作为例子。

地幔对流导致大陆漂移

地球内部的地幔对流是大陆分离、运动、碰撞的原动力。地幔位于地壳下方，厚度约 2900 千米。虽然地幔主要由致密的固体岩石构成，但是却能够极其缓慢地运动。地球深处的炽热岩石变轻，缓慢上升，冷却后的岩石变重，继而缓慢沉降，这一过程称为地幔对流。

我们脚下的陆地是“漂浮”在炽热地幔上的大陆板块，并随着地幔对流在地球表面缓慢漂移。想象一下，漂浮在热锅中的一块薄板随着热水的沸腾而不断晃荡的情景，大陆板块也在地球表面不断移动。

大陆是怎样分裂的？

炽热地幔物质的上升会造成板块变薄，有时甚至会导致板块断裂。如果断裂处位于大陆板块的话，就会出现裂谷。裂谷不断变深，海洋随之入侵，最终就会造成大陆分裂。之后，上升物质在海洋中形成海岭，不断产生新的大洋板块，从而将分裂开的两个大陆推得越来越远离。在非洲东部，有一处南

地幔对流导致大陆移动

图片的中下部为地球剖面图，描绘了地幔对流的情形。四周是板块边界和热点形成的各种地形。大陆的分裂导致了生物物种的隔离。而大陆的碰撞，能让一些生物涌入一个陌生的新环境，并与“原住民”展开激烈的生存竞争，会在极大程度上改变生物物种的命运。

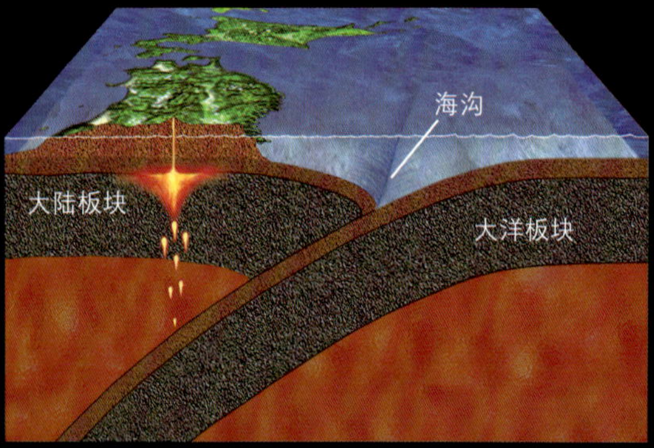

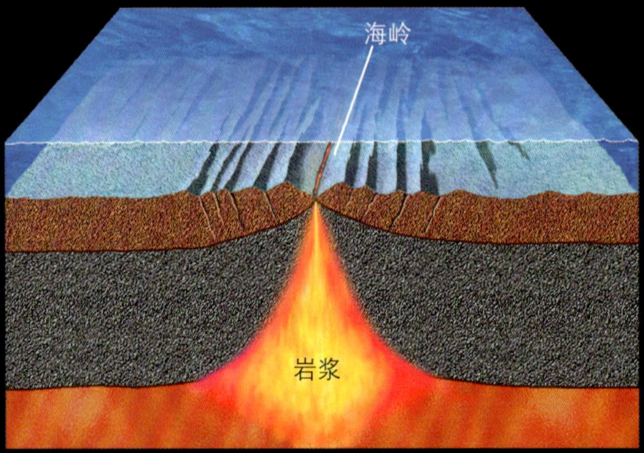

海岭

岩浆从大洋板块的开裂处喷涌而出，塑造了海底火山山脉（海岭），并在这里形成新的大洋板块。一小部分海岭是由地幔物质从地下深处缓缓上升产生的。迄今，科学家尚不清楚哪些海岭属于这种成因。

俯冲带

在携有大洋地壳的板块与携有大陆地壳的板块发生碰撞的地方，密度大的大洋地壳会俯冲到大陆地壳之下。日本东岸的太平洋中有这种类型的板块边界，因此，该处地震和火山活动频繁。海沟是地幔对流沉降的地方，有时沿着海沟可以形成火山岛弧。在岛屿上物种的多样性丰富。

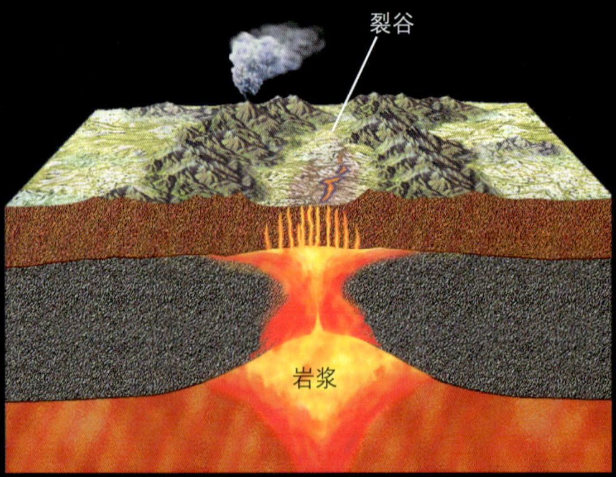

裂谷

如果岩浆从大陆板块之下上升的话，受到下方挤压的板块就会断裂和沉降。东非大裂谷带就是仍在不断开裂的地区。

裂谷变深后，继之以海洋入侵，陆地便被海洋分割开来，之后有可能进一步形成海岭。

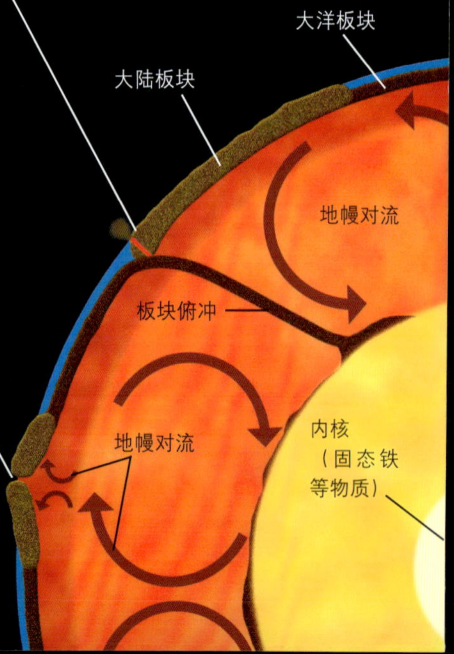

北方向延续大约1300千米、至今仍在不断开裂的大裂谷带——东非大裂谷。

山脉和孤岛促进了物种的多样化

大陆板块相互碰撞，形成了喜马拉雅山脉等雄伟的抬升地形。高海拔山脉形成后，其周围环境变得多姿多彩，并形成了多样化的物种。

地幔物质从地球深处缓慢上升，所产生的“热点”在远离大陆的地方形成了火山岛。夏威夷群岛就是最典型的例子。虽然这些地方最初几乎没有生物存在。但是，“偶然来访”的鸟类和昆虫会形成别具特色的生态系统。

在哺乳动物繁盛之前的时代，恐龙曾经统治着整个地球，并以盘古超大陆的分裂为契机，在各大陆形成了丰富的种群。地幔对流造成了“波澜壮阔”的地壳变动。身居其中的生物也只能“随波逐流”，直面跌宕起伏的命运，最终却顽强而健壮地存活了下来。

热点所形成的火山岛

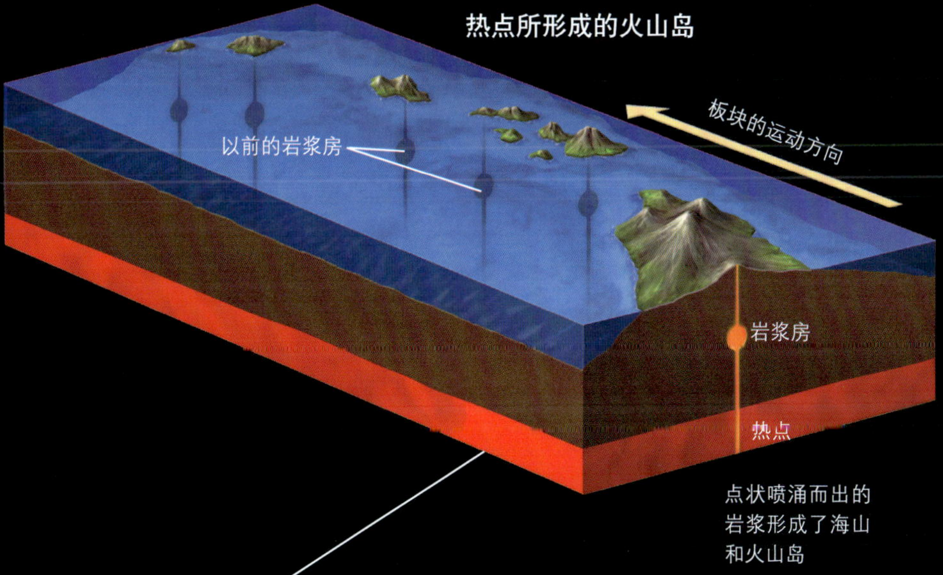

热点

热点是指来自地下深处的几千万年之久的岩浆源。海山和火山岛多由热点产生。图中所示为夏威夷群岛。

夏威夷群岛是由海底火山不断成长并最终露出海面形成的火山岛组成的。热点的位置相对固定，但由于热点上方的板块在不断运动，因此会形成一串岛链。这样，根据岛链中火山岛的分布，就可以推测板块运动的情况。在热点所形成的与大陆隔绝的孤岛上，有时能形成独特的生态系统。

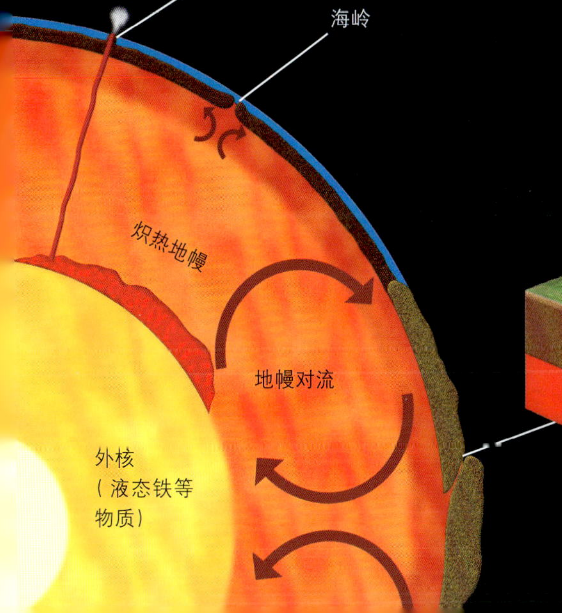

缝合带

携有大陆地壳的板块相互碰撞后，能够形成巨大的山脉。例如，世界上最雄伟的喜马拉雅山脉就是在距今5000万年前由印度－澳大利亚板块与欧亚板块碰撞所形成的。这里也是地幔沉降之处。

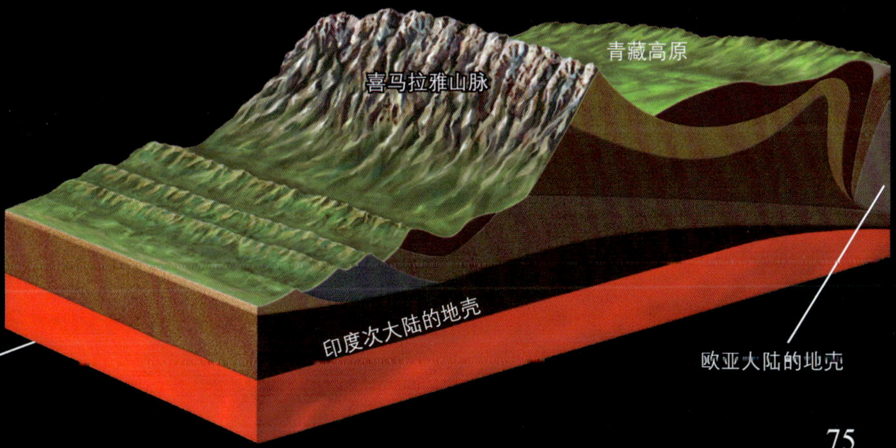

生物大灭绝与新物种爆发的多次轮回

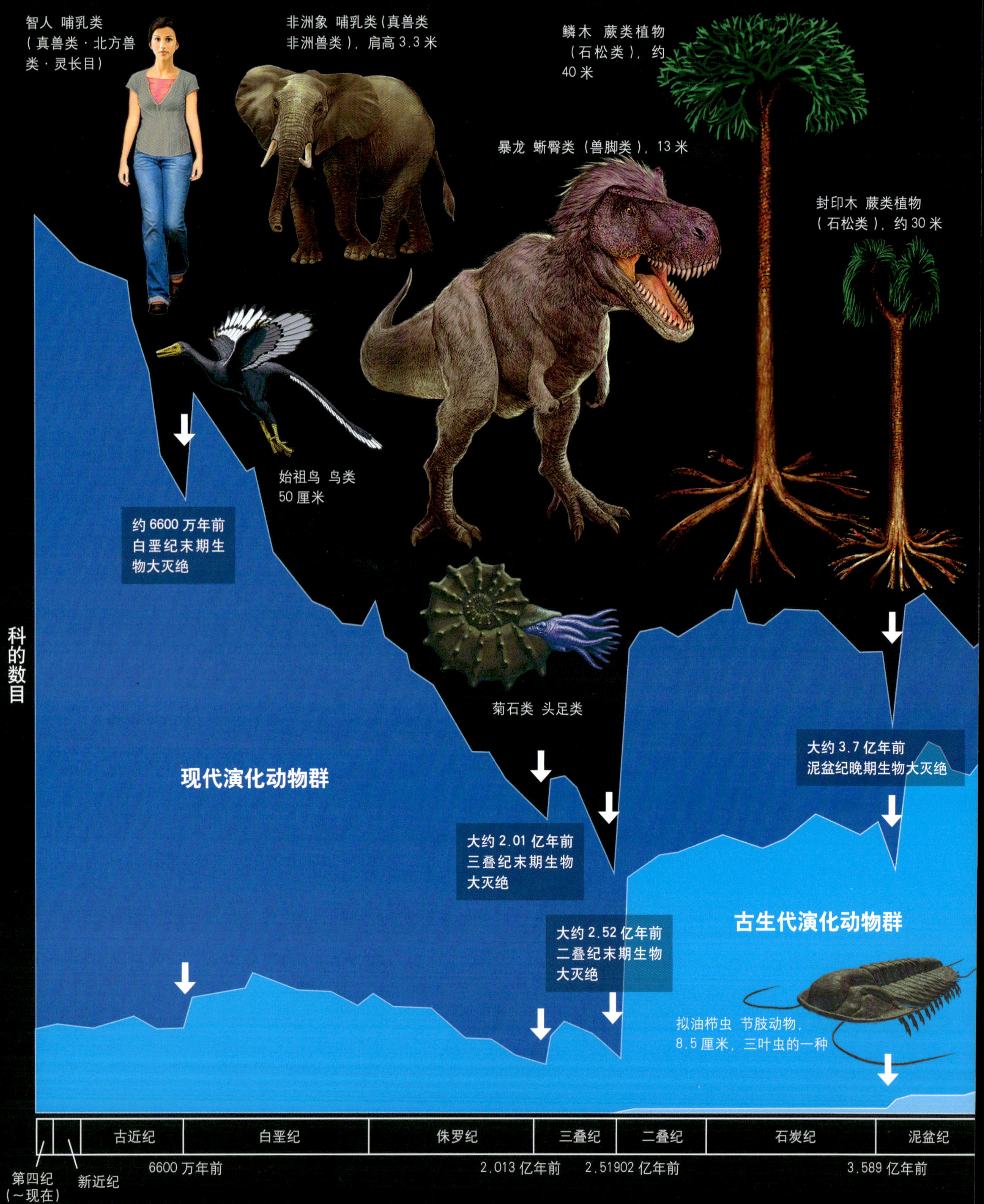

如今，哺乳类动物在地球上旺盛地繁衍生息，盛况空前。但如果6600万年前的小行星撞击没有造成生物大灭绝的话，就不可能有哺乳动物今天的繁盛。正是由于称霸地球的恐龙突然灭绝了，哺乳动物才有机会占领突然空出的生态位，实现了多种多样的演化。

在漫长的地球历史上，至少发生过5次生物大灭绝。前文介绍了发生在6600万年前白垩纪末期（参见第24～25页）以及2.52亿年前二叠纪末期（参见第30～31页）的生物大灭绝事件。此外，在2.01亿年前的三叠纪末期、3.7亿年前的泥盆纪晚期以及4.44亿年前的奥陶纪末期也曾发生过生物大灭绝事件，在这些年代上下的地层中发现了截然不同的生物化石。

同时，关于大灭绝导致多少物种灭绝，科学家也给出了初步的答案。下图描述了从现在到6亿年前的海洋无脊椎动物的科的数目的变更。最左侧为现生科的数目，从左往右依次为更古老年代科的数目。白色箭头所指的科数锐减的地方就是发生大灭绝的时期。

关于生物大灭绝的原因，“发生在6600万年前的生物大灭绝是小行星碰撞所造成的”这一观点得到了广泛认可。20世纪90年代发现的陨石撞击坑等是这一学说的有力佐证。除此之外，其他大灭绝的原因一直众说纷纭，没有明确的结论。尽管科学家提出了各种各样的假说，但遗憾的是，事件发生的时间越久远，残存至今的证据就越少，假说的验证也变得越发困难。这是地球历史上最大的未解之谜之一。

邓氏鱼 鱼类（盾皮鱼类），6米

奇虾 蜕皮类
60厘米

生物大灭绝所讲述的地球史上的未解之谜

左图由美国芝加哥大学古生物学家杰克·塞普科斯基（Jack Sepkoski）教授制作，展示了海洋无脊椎动物科的数目从6亿年前到今天的变化（Sepkoski，1990）。时间顺序为从右到左，右侧为过去，左侧为现在。周围还描绘了各个时期的代表性生物，但种类不局限于海洋无脊椎动物。

塞普科斯基教授将海洋生物分为3类，左图也是据该分类制作的。首先，现代演化动物群是指取代了在二叠纪末期生物大灭绝中衰落的古生代演化生物群而繁荣起来的动物群，包括双壳类（具有双瓣壳的软体动物）、腹足类（具有螺卷壳的软体动物）、有孔虫、六射珊瑚、软骨鱼类、硬骨鱼类、爬行类、哺乳类等动物。古生代演化动物群是指在奥陶纪辐射演化并一度十分繁盛的动物群，包括海百合、头足类、钙质壳腕足类、四射珊瑚、笔石类等动物。寒武纪演化动物群是指在寒武纪种类增多的动物群，包括三叶虫、无铰腕足类、单板类（原始的软体动物）等动物。

这3类生物群大约出现于6亿年前，其中，寒武纪演化动物群在3.6亿年前几乎灭绝了，其他两类则一直繁衍到今天。

为什么地球被厚厚的冰层覆盖了？

可以说，全球冰冻（又称雪球地球。参见第44～45页，第50～51页）是地球46亿年历史中环境变化最剧烈的事件。地球是如何从全球冰冻的状态下逃脱出来的呢？为什么整个地球会冻成一个“大雪球”？让我们穿越回遥远的过去，共同寻觅6.5亿年前的地球的奥秘。

冰期结束后，冰雪消融的地球（**A**）开始快速升温，气温甚至能够高至50℃。大规模的火山活动喷发出大量的二氧化碳，大气中的二氧化碳含量甚至可达如今的350倍，强烈的温室效应导致地球迅速升温。可以说，二氧化碳是把地球从冰冻世界里解救出来的“大救星”。

在万里冰封的地球（**B**）上，除了火山以外，到处都覆盖着厚厚的冰层，大气中的二氧化碳含量非常低。而且，大部分阳光都被皑皑冰雪反射回去，无法让地表升温。

地球是否会冰冻取决于其吸收热量的多少。地球所吸收的热量又根据热量的来源——阳光的强度、地表反射阳光的比例以及二氧化碳等温室气体的含量而变化。当时的地球由于二氧化碳含量减少以及冰层反射了大部分的阳光等因素，从而进入了全球冰冻的严酷时代。

大陆的位置是关键？

为什么二氧化碳会减少呢？让我们看看冰层刚刚开始蔓延时的地球吧（**C**）。这时，虽然高纬度地区覆盖着冰层，但是，低纬度地区的地表仍然处于裸露状态，不断被风雨所侵蚀。

陆地被侵蚀后，溶有二氧化碳的酸雨把岩石中的钙等成分冲走，二氧化碳与钙发生化学反应，形成碳酸钙，并沉积在海洋中。这样一来，大气中的二氧化碳不断减少，导致地球越来越冷，最终进入冰期。

不过，陆地的侵蚀不断在发生，并非偶然事件。为什么二氧化碳会如此锐减，甚至使整个地球都冰冻起来了呢？1998年，加拿大地质学家保罗·霍夫曼（Paul Hoffman）教授根据冰川沉积物等证据，提出了“雪球地球”（Snowball Earth）学说，并认为当时的大陆分布情况是地球冰冻的一大原因。

通常情况下，当二氧化碳减少、气候变冷后，由于大陆遍布冰川，侵蚀就会变弱。但是，当时大部分的大陆都位于赤道附近，构成了罗迪尼亚超大陆。因此，虽然南北两极开始被冰层覆盖，但对整个地球来说，侵蚀并没有减弱。

让时光再倒流回去一些，我们来一起看看还没有被冰层覆盖的地球是什么样子的（**D**）。这时，陆地被风雨侵蚀，二氧化碳开始减少。除了陆地上没有生物这一点以外，那时的地球与现在没有太大的区别，风光非常相似。地球在进入这次大冰期之前，在长达15亿年的漫长岁月里，基本上没有太大的变化，一直处于较为稳定的时代。

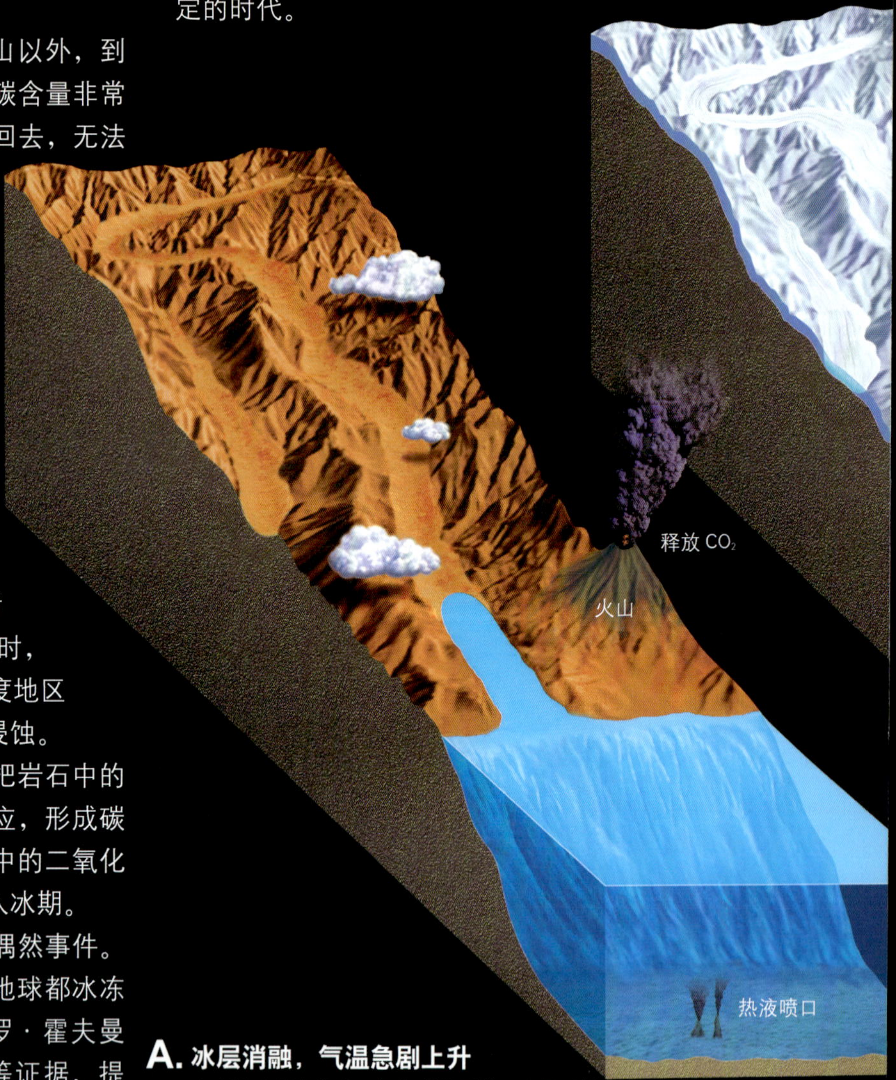

A. 冰层消融，气温急剧上升

火山活动所喷发的二氧化碳量剧增，在强烈的温室效应下，地球气温升高，冰层消融。这样一来，地表反射阳光的比例下降，更容易被阳光加热。如此高效的加温方法可将地球的平均气温提升到50℃。于是，地球得以从全球冰冻的危难中逃脱出来。这时，进行光合作用的生物量大增，大气中的氧气含量也随之急剧增多。氧气含量的增多很可能是多细胞生物诞生的催化剂。

6.5 亿年前的全球冰冻过程（A ～ D）

按照冰期结束后（A）、全球冻结（B）、刚进入冰期（C）、冰期之前（D）的顺序进行追溯。

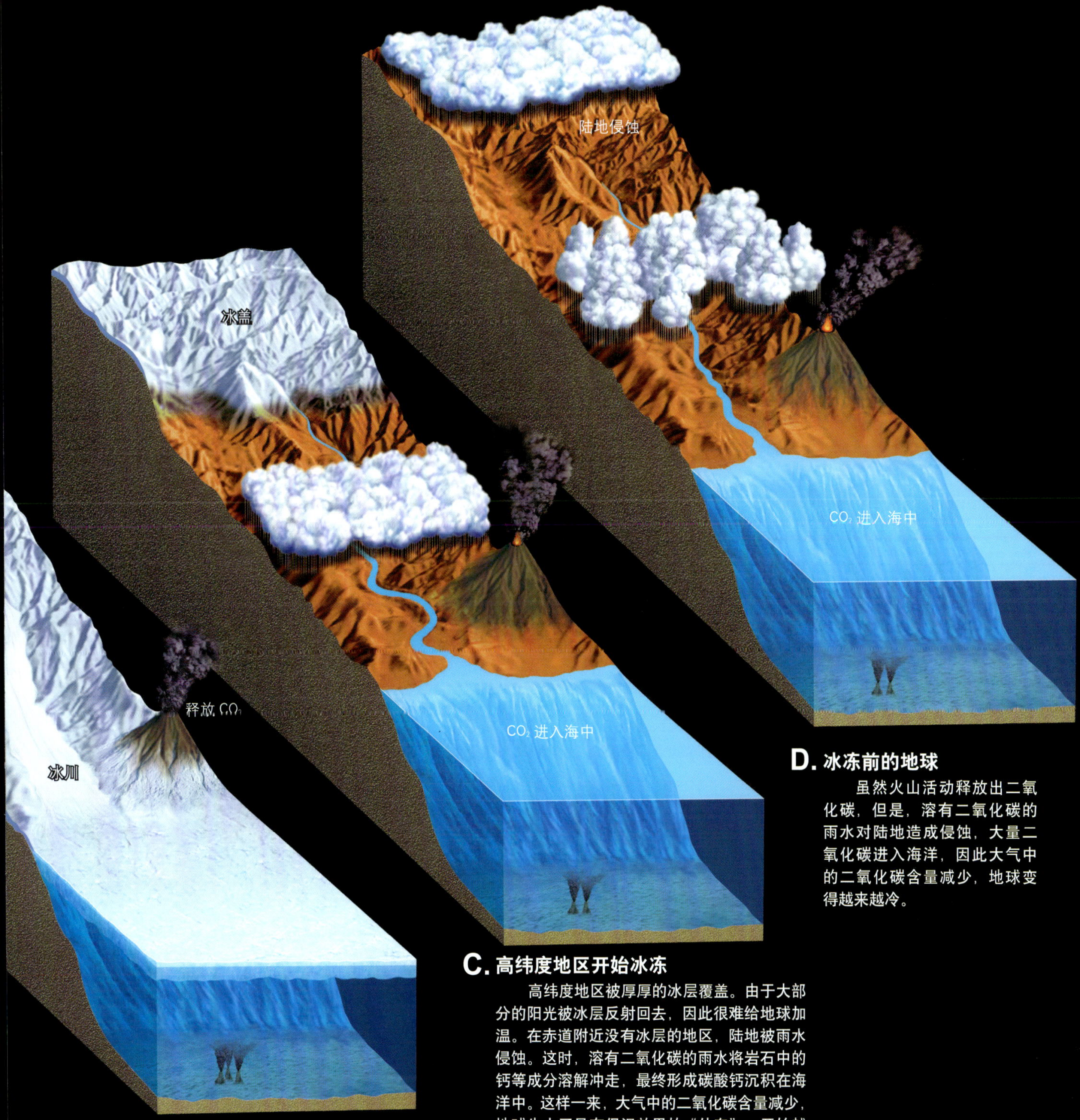

D. 冰冻前的地球

虽然火山活动释放出二氧化碳，但是，溶有二氧化碳的雨水对陆地造成侵蚀，大量二氧化碳进入海洋，因此大气中的二氧化碳含量减少，地球变得越来越冷。

C. 高纬度地区开始冰冻

高纬度地区被厚厚的冰层覆盖。由于大部分的阳光被冰层反射回去，因此很难给地球加温。在赤道附近没有冰层的地区，陆地被雨水侵蚀。这时，溶有二氧化碳的雨水将岩石中的钙等成分溶解冲走，最终形成碳酸钙沉积在海洋中。这样一来，大气中的二氧化碳含量减少，地球失去了具有保温效果的“外套”，开始越来越冷，最后整个地球都冻成了一个“雪球”。

霍夫曼教授认为，由于当时大部分的陆地都分布在低纬度地区，虽然高纬度地区被冰层覆盖，但是，对整个地球来说，侵蚀并没有减弱，这是导致全球冰冻的一大要因。

B. 全球冰冻

地球进入大冰期，甚至连赤道地区都覆盖着厚厚的冰层。大气中的二氧化碳非常少。由于冰层将大部分阳光反射回去，使得地表很难被加热。一旦陷入这种困境的话，地球就无法依靠阳光将冰层融化。

另外，在这一时期，火山仍在不断释放出少量的二氧化碳。在地球拥有足够二氧化碳之前的1000 万年岁月中，整个地球一直处于冰冻状态。

地球曾经是一个没有氧气的行星

在我们所叙述地球上的宏大事件中，氧气含量的增减发挥了极其重要的作用。下面，让我们来了解一下大气中的氧气含量是如何变化的。

现在，大气中的氧气（O_2）含量大约为21%。大气层上方是臭氧层，主要由臭氧（O_3，由氧气电离形成）构成，可以保护地球不受紫外线的威胁。但是，你是否知道，这样的环境是在地球历史上的近期才形成的呢？

右页为大气中氧气含量的变化图。在2亿年前，氧气含量只有12% ~ 15%左右，对我们人类来说，是一个呼吸困难的缺氧世界（右图中的缺氧时代）。3亿年前，陆地上密布着繁茂的大森林，大气中的氧气含量高达35%。

在10亿年前，大气中的氧气含量只有1%。但此时的臭氧层已经足以抵挡强烈的紫外线。对人类来说，早于10亿年前的地球是一个完全无法生存的世界。

由图片可知，时代越早，氧气含量越低。在27亿年前，地球上几乎没有氧气。那么，是什么原因导致氧气开始增多了呢？

在26亿~25亿年前，大气中的氧气含量开始增多。与此同时，蓝藻正在茫茫大海中繁忙地进行光合作用。同时，氧气与海洋中的铁发生化学反应，形成条带状含铁建造（banded iron formation，BIF）沉积。

在早于27亿年前，蓝藻就出现了，并开始进行光合作用。可是，由于地球上各种物质的氧化消耗了大量的氧气，因此，几亿年后大气中的氧气含量才开始增加。在这一过程中，天空被氧气改变成了蓝色。

也有一些学者认为，是地幔对流的变化导致了大气中氧气含量的增多。地幔对流的变化扩大了适合蓝藻生存的浅海，同时减少了能与氧气发生化学反应的物质，结果蓝藻所释放的氧气量增多而消耗减少，于是增加了大气中的氧气（下图）。

氧气是一种很容易和其他物质发生化学反应的物质。因此，假如进行光合作用的生物消失的话，几百万年后——对地球漫长的历史来说，是非常短暂的一段时间——地球大气中的氧气就将会消失得一干二净。行星上存在着充足的氧气，并非一件理所当然的普通事情。

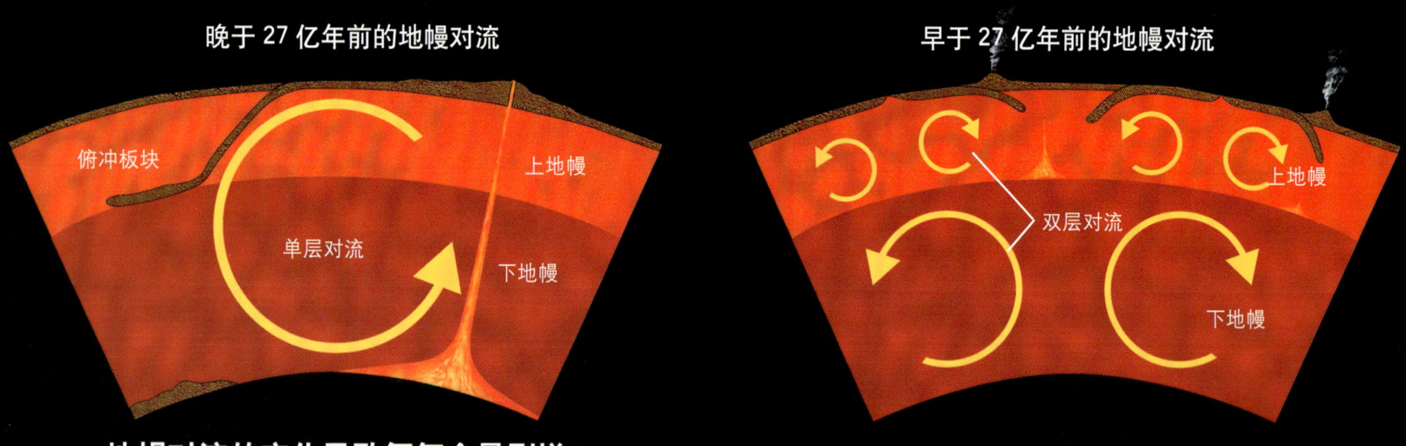

地幔对流的变化导致氧气含量剧增？

27亿年前，在地球变冷的过程中，地幔对流变弱，开始形成跨越上地幔和下地幔的单层对流（左图）。结果导致陆地大量增多，沿岸的浅海成为蓝藻的乐园。蓝藻数量剧增，并开始释放出大量氧气。同时，从地球内部涌出的氢气、硫化氢等能与氧气发生化学反应的物质的量却减少了。

在早于27亿年前，上地幔与下地幔分别对流（右图），并向大气中释放了大量的氢气和硫化氢，它们都能与氧气发生化学反应。由于上地幔的对流较小，板块也较小，因此没能形成较大的大陆。

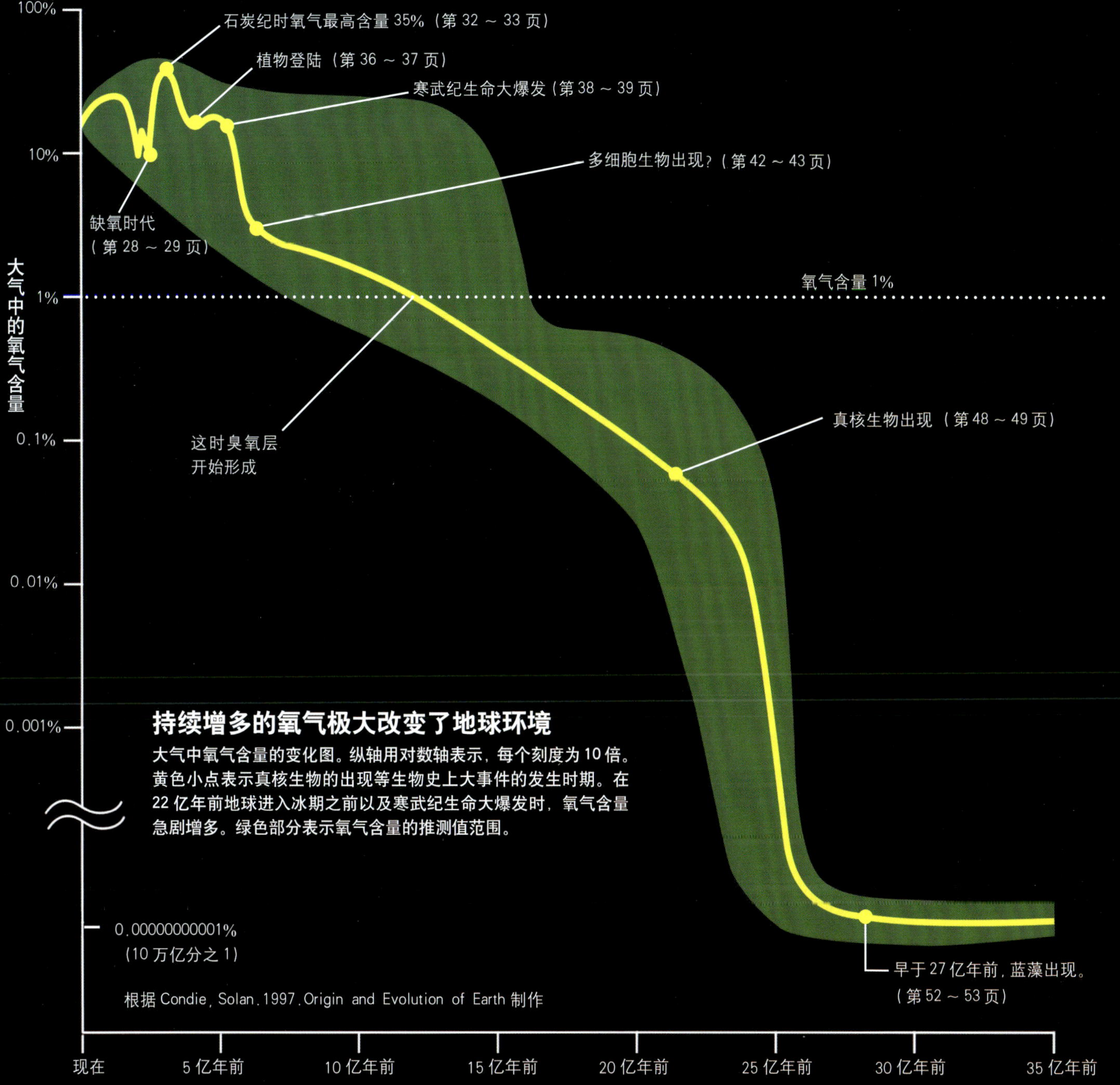

持续增多的氧气极大改变了地球环境

大气中氧气含量的变化图。纵轴用对数轴表示，每个刻度为 10 倍。黄色小点表示真核生物的出现等生物史上大事件的发生时期。在 22 亿年前地球进入冰期之前以及寒武纪生命大爆发时，氧气含量急剧增多。绿色部分表示氧气含量的推测值范围。

氧化铁地层讲述的海洋变化

图片按照地层年代显示了条带状含铁建造的发现数量，它是由海洋中的氧气与铁（主要为还原性的亚铁离子）发生化学反应所形成的。由于很难测定条带状含铁建造的量，所以，图表中纵轴用迄今为止所发现的矿床数代替。与上图相对照，我们可以发现，在大气中的氧气含量增多之前的几亿年里，条带状含铁建造的数目增多了。在大约 17 亿年前，海洋中的铁消耗殆尽，之后，虽然氧气含量进一步增多，但也没有条带状含铁建造的形成。

不过，在距今 9 亿～ 6 亿年前，也形成了条带状含铁建造。这是由于那时地球正处于冰期，光合作用几乎完全停止，海洋中的氧气含量减少，铁增多。冰期结束后，光合作用增强，释放出的氧气与铁发生了化学反应，因此形成了条带状含铁建造。

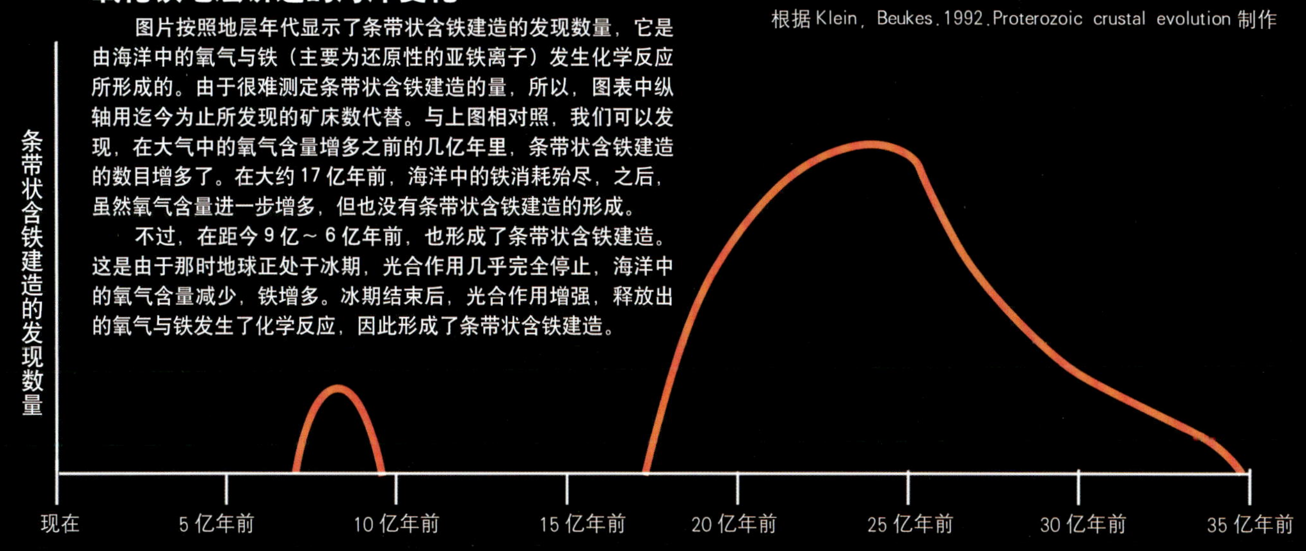

哺乳类鱼类、多细胞生物、真核生物——

大约1亿年前，我们的祖先还是生活在树上的夜行性哺乳动物。大约5亿年前，是生活在海洋中的鱼类。大约6亿年前，是原始的多细胞生物。大约21亿年前，是刚刚开始进行有氧呼吸的极其微小的单细胞生物。

如今，我们是生活在广袤陆地上的脊椎动物，同时还是多细胞生物，以及进行有氧呼吸的真核生物。我们渴望了解祖先的故事——在遥远的过去，我们的祖先是什么样子的？它们是如何应对各种事件的？又是怎样演化成今天这个样子的？其实，我们的身体里就蕴藏着祖先的演化历程，讲述了祖先的动人故事。

生物的进化系统树“记录”在繁衍至今的各种生物体内。那么，按照进化系统树追根溯源的话，我们的祖先最终会是哪种生物？

利用DNA寻找所有生物的共同祖先

所有的生物都是由细胞构成的。细胞具有记录遗传信息的DNA、蛋白质、脂质膜等通用部件。这也意味着地球生命起源于共同的祖先。那么，地球生命的共同祖先是在哪里，又是怎样诞生的呢？

如果在现存的生物中，有些生物身上能够较好地保留祖先的形态，我们就可以通过这些生物来了解祖先。进化系统树能够帮助我们实现这一心愿。系统树用来表示物种之间的演化关系，它根据各类生物间亲缘关系的远近，把它们分门别类地安置在有分枝的树状图上，这也是生物的“族谱”。

除了通过比较骨骼等形态特征来制作系统树之外，还可以通过比较记录生物遗传信息的DNA来制作系统树。这是因为关系越“亲密”的物种，其DNA记录的“字符”序列便越相似。

单细胞生物的系统树可以通过比较DNA序列来制作。DNA序列越靠近系统树根部的生物，与共同祖先的亲缘关系越近，身上保留共同祖先的痕迹的可能性就越大，可以用来推测共同祖先是什么样子的。

追溯进化系统树

右图为日本东京药科大学的山岸明彦教授制作的进化系统树，是通过比较细胞内核糖体RNA的一部分而制作的。

系统树显示，生物的共同祖先首先分化为细菌与古细菌。此后，部分古细菌获得线粒体，进化成真核生物，也就是我们的祖先。另外一部分真核生物进一步获得叶绿体，最终进化为植物。

系统树的各种生物后面标注的数字表示其最适合的生长温度。红色部分的生物喜欢生活在80℃以上的环境中，橙色部分的生物则喜欢生活在80℃以下的环境中。令人吃惊的是，与共同祖先亲缘越近的生物，越偏爱高温环境。因此，山岸教授推测，共同祖先应该生活在热水之中（有些生物名称带有“thermo”这个前缀，它的意思是“热”）。

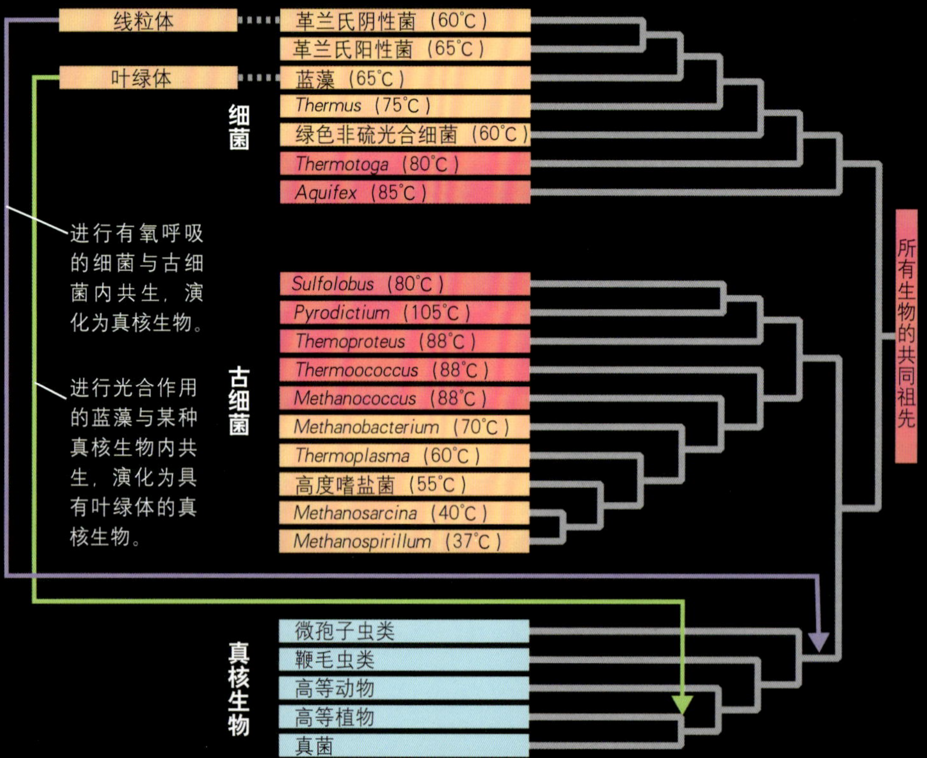

对进化系统树追根溯源，寻找共同祖先

最早的生命诞生于热水？

日本东京药科大学的山岸明彦教授是单细胞生物基因研究领域的专家。他认为，与共同祖先亲缘关系越近的微生物越偏爱热水环境。其中，有些微生物甚至喜欢生活在沸水中。

因此可以推测，生物的共同祖先可能也生活在热水之中。那么，在早期地球上，什么地方有热水，并且能提供生物所需的营养物质呢？海底的热液喷口是一个非常有竞争力的候选者。

最早生命的诞生之谜

生活在热液喷口的共同祖先是地球上最早的生命吗？这可不一定。

有些学说认为，地球上最早的生命诞生于火山或湖泊。不过，诞生了的类似生命很快就灭绝了，如此周而复始，直到第若干次出现的生命抵达了热液喷口，并幸运地存活下来，成功地繁衍出子孙后代，成为了我们的共同祖先。

遗憾的是，在化石上只能找到极少的早期生物的痕迹。最早的生物化石发现于澳大利亚西部距今 34.3 亿年前的地层。虽然尚不清楚这是什么生物，学者们认为，它可能类似于现生的变形菌、蓝藻、硫氧化细菌，也可能是早已灭绝的旁支。

此外，科学家在如今的格陵兰岛还发现了形成于 40 亿年前的岩石，并通过测定碳同位素比值，发现了最早的生命活动痕迹※。不过，尚不清楚当时到底有哪种生物。

最早的生命是什么时候、在哪里、又是如何诞生的？可以说，这在整个科学研究的领域中也是一个最终之谜。从简单的化合物一步一步演化成具有复杂结构的细胞这一说法，或许令人觉得不可思议。但是，不可否认的是，最早的生命的确在地球的某个角落奇迹般地诞生了——或许诞生过很多次，也或许诞生于地球的很多角落里。

翻译／魏俊霞

※ 碳原子主要有两种质量不同的同位素——原子核由 6 个质子和 6 个中子构成的 ^{12}C 以及由 6 个质子和 7 个中子构成的 ^{13}C。其中，生物倾向于吸收 ^{12}C。因此，如果岩石中所含碳化合物的 $^{12}C/^{13}C$ 值比自然界中比值高的话，就可以推测该物质的形成与生物有关系。这种生物活动的痕迹称为“生物标记”。

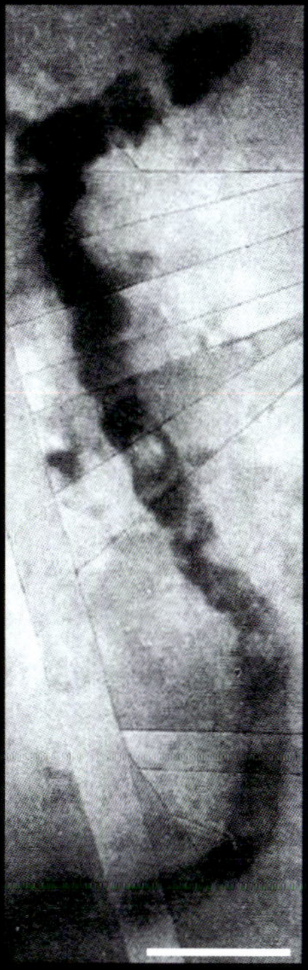

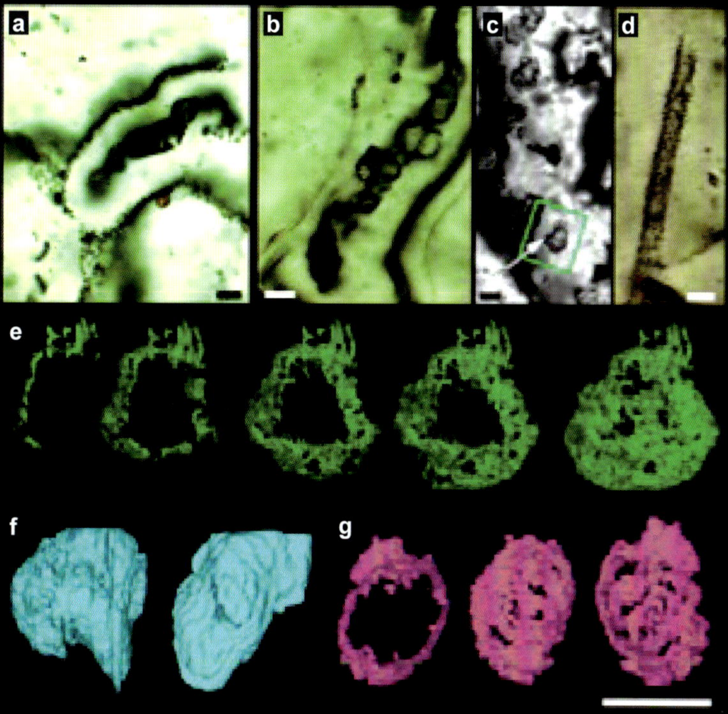

最古老的生物化石

右图的球状（a ~ c）与管鞘状（d）化石是迄今发现的最古老的生物化石，形成于距今大约 34.3 亿年前，发现于澳大利亚西部。图 e、f 是图 c 绿框中球形化石的三维重建，图 e 为含碳的外壁，图 f 为内部的硅质填充。图 g 为同一地层中另一个化石的含碳外壁。

此前认为最古老的化石（左图）同样产自澳大利亚西部，形成于 34.6 亿年前。不过最近的研究显示这可能是热蚀变作用产生的层状硅酸盐矿物，或许并非真正的生命。（图中比例尺均为 10 微米）

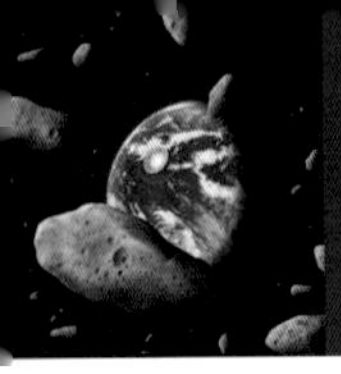

海洋里的水，究竟从何而来？

海洋，是地球的重要特征之一。如此庞大的水量，究竟来自哪里？又是什么时候、通过何种方式产生的？过去，人们通常认为这些水来自地球诞生时期形成地球的星子。然而近年来，又涌现出各种各样的新观点，这些观点既有充满魅力的一面，但也有缺乏决定性证据的一面。下面，就一起来探索海洋的起源之谜吧。

蓝色的地球是太阳系中唯一的“水之行星”。这是因为在地球的表面，覆盖着广阔的海洋。那么，海洋是在什么时候、又是如何形成的呢？

海水起源于星子？

关于地球上海洋的起源，20世纪80年代的研究者们提出过一个理论模型。这个模型认为，海洋中的水起源于岩质成分为主的星子。星子是太阳系形成初期在宇宙中漂浮的岩石和水等物质组成的小型固结物。通常认为，地球就是这些以岩质为主要成分的星子之间不断相互撞击、合并而成的。

这一海洋起源于星子的模型被称为“形成期撞击脱气模型”，简单来说过程是这样的：

（1）以岩石为主要成分的星子撞击原始地球，星子中含有羟基（-OH）的化合物会分解，形成水蒸气（脱气）。于是，地球上逐渐被以水蒸气为主体的原始大气层所覆盖。

（2）若要形成海洋，水蒸气必须冷凝成液体才行。然而，水蒸气是比二氧化碳更强大的温室气体。因此，随着星子不断撞击地球，地球的气温也随之上升。当原始地球成长到如今火星差不多的大小（赤道半径3400千米）时，据推测那时地表附近的温度应该达到1200℃以上。如此高温应当会熔融地球表面的岩石，让整个地球表面被海洋一样的液态岩浆覆盖，形成所谓的“岩浆海洋”。

（3）实际上，岩浆海洋可以很好地吸收大气中的水蒸气。于是，大气中的绝大部分水蒸气慢慢转移到了岩浆海洋内部。随着水蒸气的减少，温室效应开始减弱，熔融状态的岩浆随之冷却固结。

（4）原始地球在星子不断撞击的过程中慢慢增大，大气中的水蒸气又开始持续增多，温室效应再次增强，形成了更大的岩浆海洋。然后，水蒸气被岩浆海洋吸收，温室效应减弱。随着（1）~（4）的循环往复，地球大气中的水蒸气含量逐渐保持了稳定。

经过多次循环，这些大气中的水蒸气，最终变成了海洋。20世纪80年代的计算表明，当原始地球成长到现在的大小（半径6400千米）时，刚好可以形成现在地球上这么多的海水量。

支持星子起源说的证据

然而问题是，撞击脱气模型中的主角，作为形成地球原材料的星子，在今天的太阳系中已经消失殆尽了。也就是说，当年的星子中是否有大量富含羟基的化合物（形成水分子的基础）存在，现在的我们已经无法知道了。

不过，如果认为现在太阳系中小行星的成分和当年的星子相同的话，那么是足以形成地球上这么多海水的。我们可以参考落在地球上的陨石的成

星子中的水形成了地球上的海洋？

星子的岩石中有一种叫做“黏土矿物”的物质。黏土矿物中就含有氢元素和氧元素。过去科学界的主流学说认为，在地球诞生之初星子不断撞击地球的过程中，氢元素和氧元素反应形成了水。

分。目前为止，落在地球上的陨石大致可以分为3类，即使是其中含水量最少的一类陨石，也足够产生地球表面如此巨量的海水了（参见下页上图）。

此外，还有一些从陨石分析中得到的证据支持星子起源说，例如同位素分析。碳质球粒陨石中2种氢同位素氘（D，有1个中子，1个质子）和氢（H，有1个质子）的比例（D／H，氘氢比）与地球海水中的氘氢比很接近，大多数科学家认为，这是证明地球上的海水来源于星子的强有力的证据。

然而，近年来星子起源说受到了很多新的质疑。理论预测指出，在地球诞生之时，地球轨道附近的星子可能具有比之前认为的高得多的含水量。

长期以来，人们一直认为地球轨道附近的星子是以岩质为主要成分的。这是因为在过去的观念里，地球轨道附近的原行星盘中的水因为温度太高，应该无法以水冰的状态存在，只能形成水蒸气。原始太阳系的原行星盘是由气体和细小的尘埃（固体）混合而成的盘状结构。原行星盘的中心是原始太阳，而圆盘中的固体物质形成了星子，星子通过不断撞击合并最终形成了行星。过去人们普遍认为，地球轨道附近的星子主要成分是岩质，几乎不含水（包括含有氢元素和氧元素）。

但后来，科学家发现地球诞生时的原行星盘的温度可能比此前设想的要低。原行星盘中的微小尘埃会遮盖太阳发出的光，因此即便是地球轨道附近，温度也有可能低到允许水冰存在。如果是这样的话，地球轨道附近的星子也就可能含有大量的水冰。要是作为形成地球原材料的星子本身就含有大量水冰的话，那么地球拥有的水量就应该远超目前的水平。也就是说，这样的地球就不是如今的“水之星球”，而是“洪水星球”了。

然而，现实中的地球并没有成为“洪水星球”。是因为发生了什么，让水从诞生时的地球逃逸到宇宙空间了吗？或者是对原行星盘温度的理论预测发生了错误，当初地球轨道附近并不存在含有大量水冰的星子？目前，这些问题还在争论中。

海水起源于原始太阳系原行星盘中的气体？

还有一种观点认为：地球上的海水起源于原始太阳系原行星盘中的气体。日本东京大学从事行星

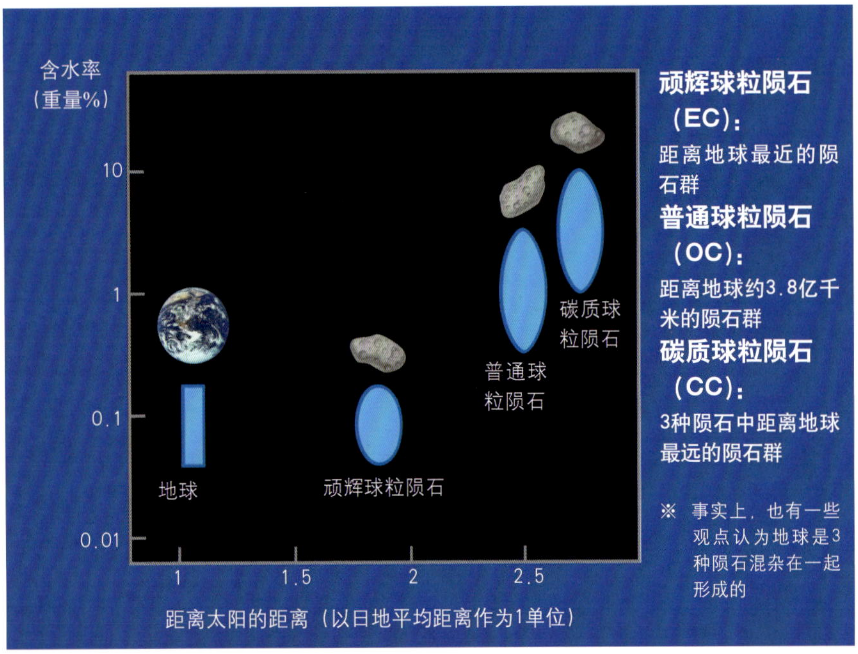

哪种陨石中含有大量的水？

3种陨石的含水率（水所占的质量百分比）和地球的含水率对比。可见，即使是含水率最低的陨石（也就是星子），也足以形成如今地球上的海水量。　数据来源：生驹大洋等

形成研究的生驹大洋副教授认为，在原始太阳系的原行星盘中，随着地球等岩质行星不断成长变大，它们的引力会吸引气体（主要成分是氢气）朝行星“降落”。这些氢气和地球岩石（岩浆）所富含的氧元素反应，形成水分子。“按那时候降落在地球上的气体的量来计算的话，是足够形成如今这么多的海水的。”生驹副教授说道。此外，原行星盘中残余的气体有些也会“落向”太阳，另一些会在太阳风的“吹拂”下逸散。

不过，如果把原行星盘中的气体作为地球海水起源的话，那么氘和氢的同位素比例（D/H）又出现问题了。和现在地球上的海水相比，原始太阳系原行星盘中氘元素的比例更低。关于这个问题，生驹副教授认为：“地球形成至今已经历了46亿年岁月，而海洋很可能是在这段历史最初的阶段形成的。也就是说，当时海水的组成和现在海水的组成很可能是不一样的。”

这种差异可能是来自太阳的紫外线的影响所致。紫外线的照射让地球大气慢慢变暖，然后逐渐膨胀，最终表层的一部分散逸到了宇宙空间。“在地球漫长的历史中，较轻的氢同位素相比于较重的氘同位素而言，更容易散逸到宇宙空间，结果就是氘元素的质量比上升。对于地球海水的原行星盘起源假说而言，如果我们考虑地球上水的组成会发生变化的话，那么氢元素的同位素比例出现差异也是合理的。”生驹副教授如是说。

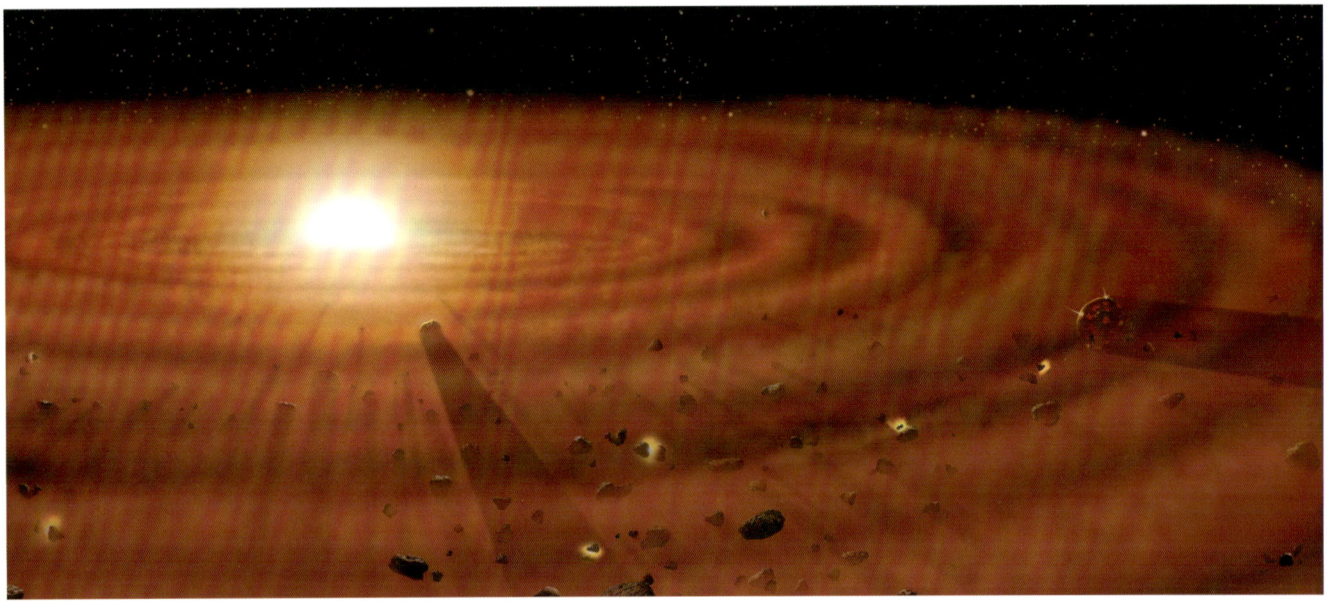

海水起源于原始太阳系原行星盘中的气体？

太阳系形成初期，原始太阳被气体组成的圆盘所包围。地球上的海水可能来自这些气体中的水分。目前一般认为原行星盘气体中的水分在靠近原始太阳的地方以气态形式存在，而在远离太阳的地方以固态冰的形式存在。

海水起源于从地球轨道外侧来到地球的小天体？

地球海水来自于从地球轨道外侧来到地球的小天体，这也是海水起源的一个有影响力的假说。

尤其是近年来，随着被称为“大迁徙假说”的太阳系形成理论得到完善，海水来自于地球轨道外侧的小天体这一观点得到了有力支持。大迁徙假说认为，在太阳系形成初期，木星和土星曾一度向内迁徙到太阳系内侧（现在的火星轨道附近），此后又移动到太阳系外侧。而随着木星和土星的向内移动，现今太阳系火星和木星轨道间的小行星带的原本轨道被打乱，结果就是大量星子在短时间内持续撞击地球，这些星子中含有的水成为地球海水的来源。

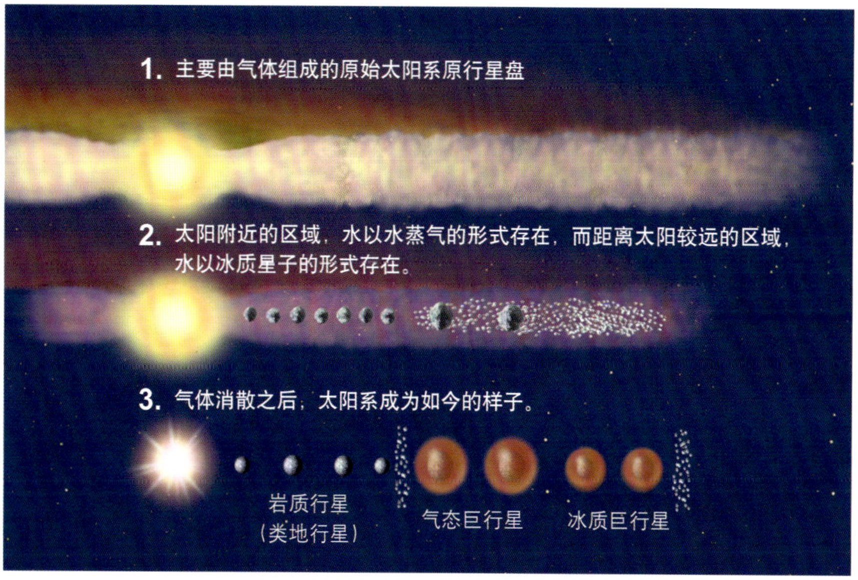

太阳系形成的历史

目前认为的太阳系形成历史大致概括如下。原始太阳系原行星盘主要由气体（**1**）构成，距离太阳较近的地方，形成以岩质为主要成分的星子与原行星，而距离太阳较远的地方形成以冰质为主要成分的星子（**2**）。此后，气体消散，各个行星完全形成。另外，近年来，也有研究者认为地球轨道附近也可能有以冰质为主要成分的星子存在。

还有一种可能是：随着后来木星和土星向太阳系外侧的移动，更外侧的天王星和海王星也随着被向外“推动”。于是，位于外太阳系的星子的原本轨道也被打乱，这其中的一部分进入了内太阳系，降落在了地球上。这些星子中含有的水成为了地球海水的来源。

其实，这种海水来自于地球轨道外侧小天体的观点由来已久，但直到大迁徙假说提出之后，才得到了强有力的理论支持。不过，大迁徙假说自身是否正确，目前也还没有定论。

此外，海水来自于地球轨道外侧小天体的假说还有一大问题，那就是如今外太阳系的彗星中含有的氘和氢的同位素比例（D/H）与地球海水不符。相比地球的海水，彗星中的氘氢比太高了。如果当初地球的海水真的来源于氘氢比如此高的物质的话，想降低到与目前地球海水相当的氘氢比就实在太难了。

不过，关于这个问题，近年来也有了一些突破口。2014年，科学家们在哈特雷2号彗星（103P/Hartley）中测量到了和地球海水几乎相同的氘氢比。这表明在众多的彗星中，可能有一些是能够作为地球海水起源的。

还需要收集更多的证据

截至目前，关于地球海水到底起源于哪里，其实还很难下定结论。也许，地球的海水不是来自某个单一的渠道，而是多种来源综合的结果。

不仅是海水的起源，海洋究竟诞生于何时，其实也还尚不明了。只要星子还在不断撞击地球，那么地球的温度就会不断升高。因此，地球从高温状态降到液态水能够稳定存在的状态必然需要一定的时间。

关于海洋存在的最古老的直接证据，是在格陵兰岛伊苏阿地区发现的枕状熔岩，其年代在约38亿年前（参见112页）。因此，大部分研究者都认同，最晚到38亿年前，地球上就已经有海洋存在了。不过，随着一些可能产生于低温状态的44亿年前的矿物被发现，也有很多研究者认为，这些矿物可以作为地球44亿年前就已经冷却到允许海洋存在的证据。

今后，如果有新的证据被发现，人们将有望能进一步解开海水的起源之谜。例如，地球上更加古老岩石的发现，对太阳系内小行星和彗星的进一步探测已经对正在诞生行星过程中的其他年轻恒星的原行星盘的观测等，都将是很有希望解开地球海水起源谜团的线索。N 翻译/徐蒙

大陆诞生之谜

当地球出现大海时，大陆竟然还不存在。然后，从某一时间大陆开始出现了，并一直“成长”至今。关于大陆诞生的机制，长久以来一直是地球科学的一个未解之谜。不过，根据新的发现，如今已经有了一个关于大陆如何诞生的粗略看法，它很有可能改写教科书。

地球有一个明显不同于其他行星的特点，那就是既有大陆，又有海洋。

地球为什么既有大陆又有海洋呢？这个问题好像不难回答，我们可以说，这是因为地球上存在着大量呈液体状态的水，这些水聚集在地球表层标高较低的低洼处，因而形成了海洋。可是，这种回答是经不起推敲的。

事实上，作为陆地的“大陆地壳”和作为海底的“大洋地壳”，两者是由完全不同的岩石构成的。换句话说，即使地球表层全都被水覆盖，在那层水圈的下面，包裹着地球的仍然是由一种岩石所构成的大陆和由另一种不同岩石所构成的海底。这才是地球不同于其他行星的一大特点。

知道了这个事实，上面那个问题的正确提法就应该改为“地球为什么会有大陆地壳和大洋地壳这两种不同的地壳？”关于这个问题，至今也还没有答案。

2008年，科学家提出了一种解释大陆诞生的新假说。按照这种假说，大陆地壳其实是来自大洋地壳。

大陆地壳较轻，大洋地壳较重

大陆地壳和大洋地壳有什么不同呢？

我们可以把地球内部的结构比喻为一个煮熟的鸡蛋。其中，中心的蛋黄是“地核”，包裹着蛋黄的蛋白是“地幔”，最外一层蛋壳则相当于“地壳”。

地壳则区分为大陆地壳和大洋地壳。

大陆地壳平均厚度约40千米，主要是由一种叫做“安山岩”的岩石构成。这种岩石含有丰富的硅，而含铁和镁极少。颜色因所含矿物以及岩石冷凝时的温度等条件不同而异，但浅色矿物较多。

大洋地壳的平均厚度约6千米，只有大陆地壳厚度的约1/7。主要是由一种叫做“玄武岩”的黑色岩石构成，其中硅元素的比例相对较低。

硅元素以一种叫做“二氧化硅”的化合物的形式存在于地壳中。大陆地壳中所含二氧化硅的比例平均多达60%，而在大洋地壳中，二氧化硅平均只占50%。

硅元素含量的多少，决定了地壳的重量。在构成地球的成分中，硅元素是比较轻的。因此，硅所占的比例越大，地壳越轻。地壳的较轻部分会“浮升”到表层的位置。

据认为，在46亿年前地球刚诞生之时，地球的大部分覆盖着的都是大洋地壳。事实上，今天像大西洋洋中脊（海岭）和东太平洋海隆那样的海底山脉就是以地幔为材料形成的。可以认为，地球历史初期的大洋地壳也是如此。

没有大陆也能够形成最初的大陆？

现在的地球，总面积的约30%是大陆。在地球诞生之初，如果这个比例为零或者接近于零，那么，大陆地壳是在何时、何地出现，又是如何产生出来的呢？

“在何时？”可以通过调查现在露出地

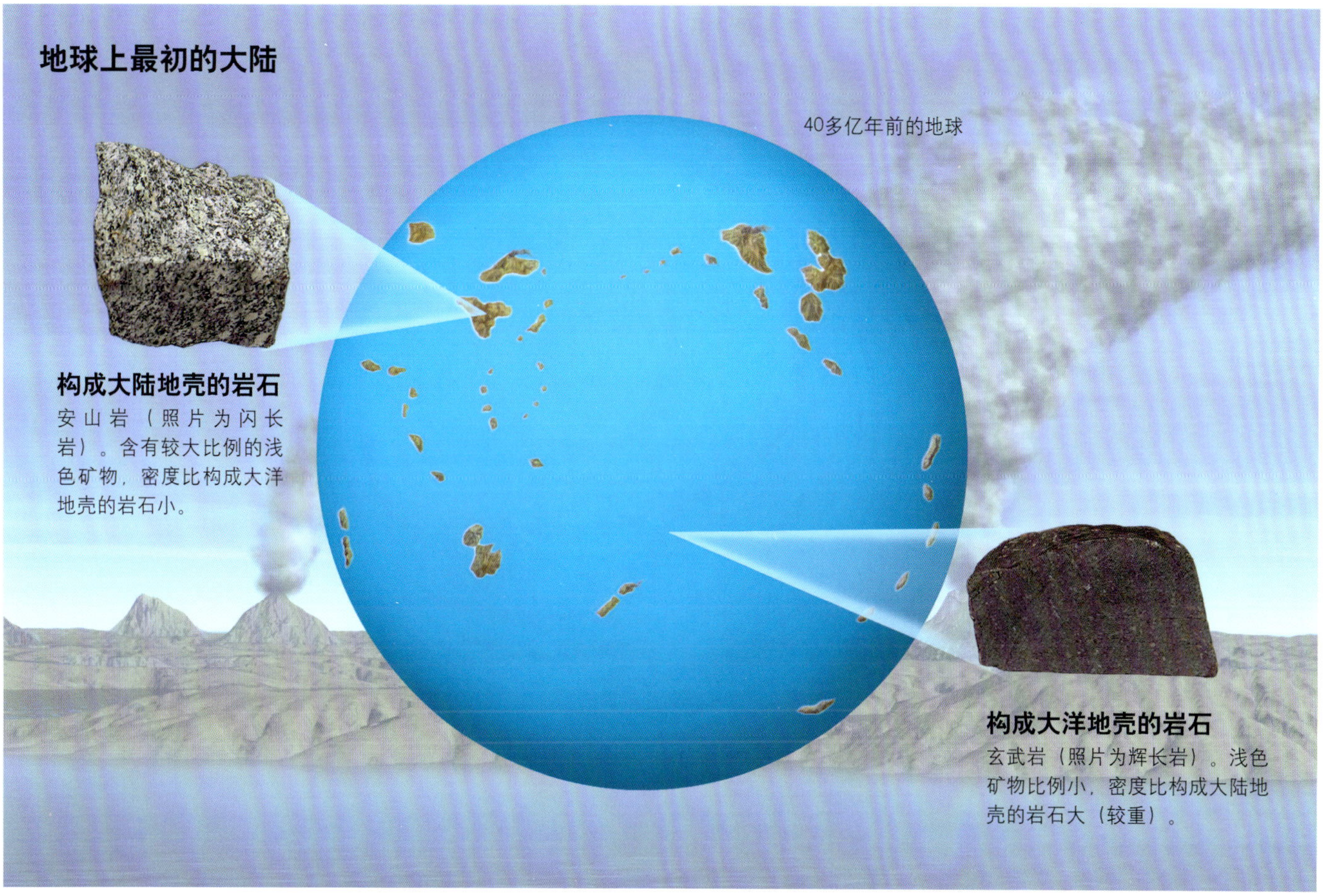

地球上开始出现大陆时的图解。具体年代还不清楚，但肯定是在40亿年之前。图上两张照片显示的分别是构成大陆地壳的典型岩石安山岩和构成大洋地壳的典型岩石玄武岩。由安山岩构成的大陆究竟是如何生成的，多年来一直是个谜。

球表层的岩石的年代而找到线索。不过，出露的岩石遭受长年累月的风化和侵蚀大多已经消失，或者受到岩浆等高温的影响，岩质已经变性，因而这种调查并不是一件容易的事情。

2008年9月26日，在美国著名的《科学》期刊上发表的一篇最新报道中谈到，在加拿大发现了一处42.8亿年前的岩石。这就意味着，至少在加拿大的一个地区存在着最迟在42.8亿年前形成的大陆地壳。

至于大陆地壳产生于何地，按照研究地球活动及其内部结构的专家、日本神户大学海底探测中心主任巽好幸介绍："多数研究者关于大陆地壳生成的地点已经形成了一种共识"，那就是产生在叫做"俯冲带"的大陆边缘地带。

我们知道，地幔中存在着非常缓慢的对流。地幔被地球深处的热量加热后上升，到达表层附近被冷却，然后再下沉，从海沟向地球深部插入。在地幔上升的地点，形成洋中脊和海隆，那就是生成大洋地壳的位置。地幔虽然是固体，但是通过长期观测，却发现它也像液体那样有对流运动。这种对流的表层（地幔的最上层部分）和此表层上面的地壳，就是"构造板块"或简称"板块"。

"俯冲带"也是板块向地球深部下插的地点。这样的地点大致可以分为两类：一类位于大陆的边缘（如日本海沟），另一类位于海洋内部（如伊豆–小笠原海沟）。

如前面提到的，构成大陆地壳的物质主要是安山岩。通过长期调查，研究者已经查明，现在的地球，形成安山岩的岩浆基本上都是在大陆边缘的俯冲带喷涌出来的。巽好幸主任说："根据调查发现的这个事实，可以认为大陆地壳是在俯冲带形成的。"

多年来的一个谜：大陆地壳是如何生成的？

1. 目前推测的地球内部结构

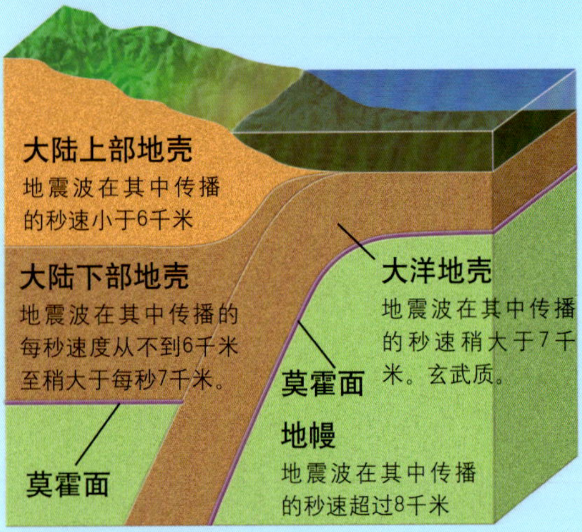

俯冲带
具有上图这种结构的一条带状区域叫做“俯冲带”。大陆地壳的上部和下部两者平均的物质构成相当于安山岩。

2. 与大洋地壳成分差别很大的大陆地壳是如何形成的？

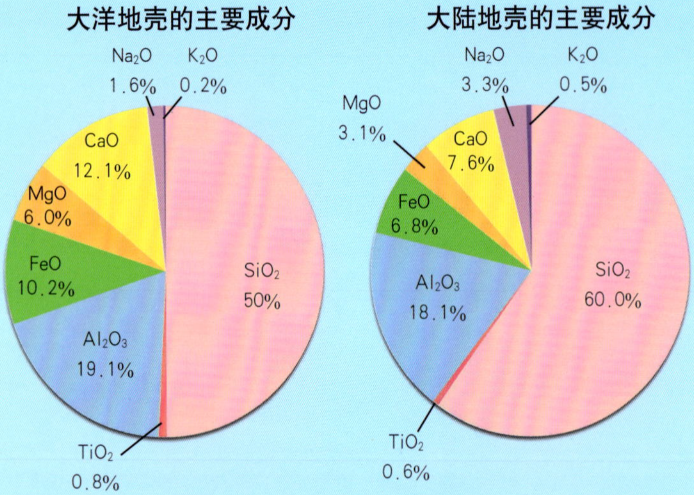

大陆地壳的成分不同于大洋地壳，尤其是所含二氧化硅的比例差别很大。成分不同的大陆地壳是如何产生出来的，多年来一直是个谜。上图中各个化学式的意思如下：SiO_2：二氧化硅，TiO_2：二氧化钛，Al_2O_3：氧化铝，FeO：氧化亚铁，MgO：氧化镁，CaO：氧化钙，Na_2O：氧化钠，K_2O：氧化钾。

这样一来，还需要回答的一个问题就是大陆地壳“是如何产生出来的”。大陆地壳是在俯冲带产生的，而俯冲带正好位于大陆的边缘。这就意味着，大陆地壳是在先前形成的大陆地壳的边缘产生出来的。巽好幸指出：“大陆地壳的诞生必须先有大陆地壳本身，这就像是走进了死胡同。那么，最初的大陆是如何产生出来的呢？这一直是个未解之谜。”

海洋下面有“正在形成的大陆”？

终于，研究者在1993年找到了揭开这个谜底的第一个线索。这个线索是，日本东京大学海洋研究所的一个小组在邻近俯冲带的伊豆群岛、小笠原群岛和马里亚纳群岛构成的岛弧（Izu−Bonin−Mariana Arc，简称IBM岛弧）进行海底结构调查时偶然发现的。

调查使用的方法，是从调查船上向海底发出人工地震波，利用布设在海底若干点的地震仪接收反射的地震波。地震波的传播速度会因物质的结构和组成不同而不同。根据这个特性，分析观测到的地震波便可以知道眼睛无法直接看到的地球内部的结构。自20世纪90年代以来，这种地震波探测方法就一直是调查地球内部结构的一个重要手段。

1993年的那次调查，是在IBM岛弧北部沿东西横向方向布点进行的。IBM岛弧是远离大陆的呈弧形分布的一系列岛屿，它们自然应该是座落在大洋地壳之上。巽好幸说：“IBM岛弧所在的位置，海底当然应该是由玄武岩构成的大洋地壳。不仅我这样认为，许多人也是这种看法。”

调查结果证实，IBM岛弧下面的海底的确是大洋地壳。但是，分析观测到的地震波，却发现其中包含有非常像是从大陆地壳反射回来的地震波数据，似乎海底有一个其组成同大陆地壳类似的巨大岩石块。这个巨大的岩石块，最大厚度超过5千米，东西宽度达到200千米以上。巽好幸解释说：“调查结果出人意料。它首次表明，在海洋底部也

3. 第一个线索：发现“正在形成的大陆”

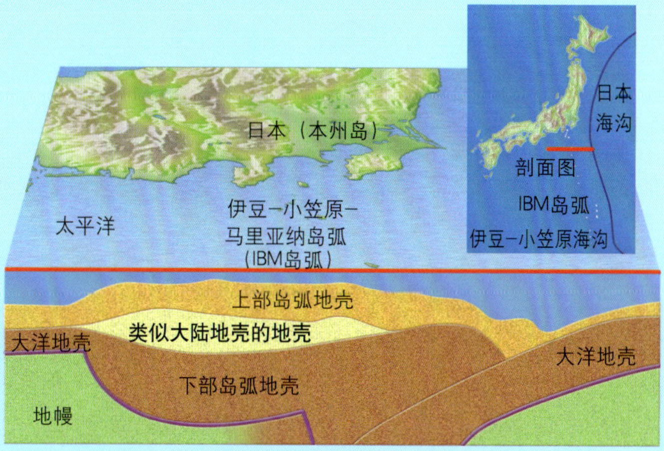

日本东京大学海洋研究所的地震波调查结果图示。调查结果证实，在IBM岛弧北部海底有成分类似于大洋地壳的岛弧地壳，其间还夹杂有一块同大陆地壳非常相似的地壳（正在形成中的大陆地壳）。这是首次发现这种地壳。

4. 第二个线索：发现莫霍面下有地壳成分

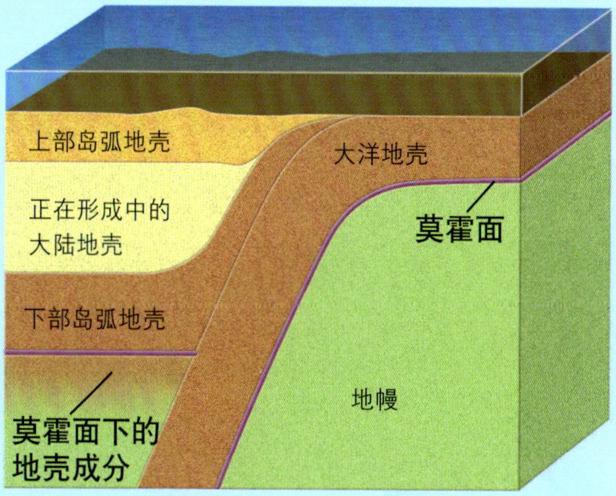

根据左图所示的调查结果等资料绘制的IBM岛弧的地下结构。首次证实莫霍面下存在着地震波在其中的传播速度明显小于周围地幔的地壳成分。发现莫霍面下存在着地壳成分被认为是推测大陆地壳如何形成的第二个重要线索。

有形成大陆地壳的可能性。”

那以后，日本海洋开发研究机构（JAMSTEC）以前所未有的高精度对IBM岛弧的地下结构开始了大规模调查。这项调查工程在上世纪末的观测精度，是在IBM岛弧周边海底布设20台地震仪，间隔距离为5～20千米。到本世纪初，地震仪已经增加到了130台，间隔距离只有1～5千米。

在IBM岛弧南部的马里亚纳群岛附近横向布点进行的调查，同在IBM岛弧北部一样，也证实地下存在着“同大陆地壳相似的地壳”。沿IBM岛弧南北纵向布点调查，也得到了同样的结果。巽好幸指出：“这些调查结果表明，在IBM岛弧地下很可能有正在形成中的大陆。”

地壳成分侵入到了地幔中？

揭开大陆诞生之谜的第二个线索来自JAMSTEC在IBM岛弧进行的高精度调查。那就是，地壳和地幔之间的界面，尤其是在IBM岛弧的地下，出乎意料地没有明确的界限。

按照已有的理论，构成地壳的物质和构成地幔的物质有很大的差异。因此，地震波在地壳和地幔中的传播速度相差很大。根据过去的观测数据，地震波在地壳中传播的速度从不到6千米/秒至稍大于7千米/秒。地震波在地幔中传播的速度，则超过8千米/秒。

地震波速度突然发生改变的这个深度叫做“莫霍洛维奇不连续面”（简称“莫霍面”）。这是为了纪念最早通过分析地震波推测地壳层和地幔层结构的克罗地亚地震学家安德里贾·莫霍洛维奇而命名的一个术语。自20世纪初以来，在教科书等书籍中一直是说“地壳和地幔之间有明确的界面”。

然而，JAMSTEC在IBM岛弧的调查却发现，在莫霍面下面、地幔最上层有一个地震波在其中传播速度不到7千米/秒的慢速层。诚如巽好幸所说，“这个数值明显小于以前所知道的地震波在地幔最上层传播的速

上面图解分别绘出了此前所推测的地球表层部分的结构（**1**、**2**）和新的调查结果所发现的两个同大陆地壳形成有关的重要线索（**3**、**4**）。

根据以往的地震波调查，普遍认为将地壳和地幔区分开来的莫霍面应该界限分明（**2**），大洋地壳和大陆地壳的成分有很大差别（**2**）。可是，由**1**和**2**却无法说明大陆地壳究竟是如何形成的。

新的调查结果则发现，地下有“正在形成中的大陆地壳”和“在莫霍面下存在着的地壳成分”，这是解开大陆形成之谜的两个重要线索。

大陆诞生的过程——岛弧地壳的较轻成分成为大陆

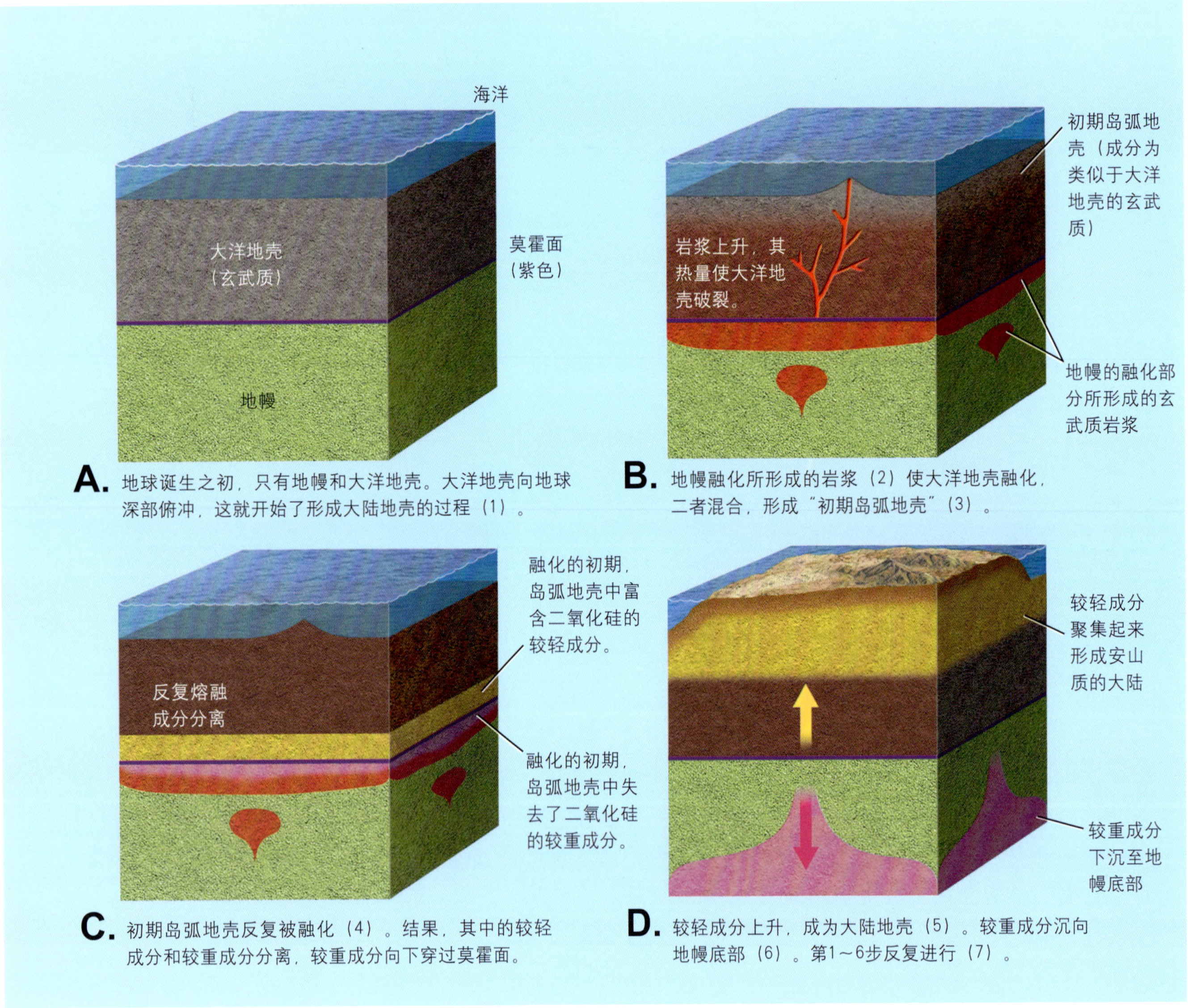

上面图解显示的是“大陆生成自海洋说”所描述的大陆地壳的诞生过程。大陆地壳按照图**A**、**B**、**C**、**D**的顺序形成。图中的数字1～7对应正文中介绍的1～7的各个阶段。

度。这种‘地震波速度变慢的现象’在新形成的大陆地壳的下面尤为明显。”

巽好幸说，这个调查结果意味着在莫霍面下面也存在着地壳物质。至少在IBM岛弧的地下，地壳和地幔之间并不是像以前所认为的那样有明确的界面。根据地震波分析的结果，地壳物质就像是穿过莫霍面侵入到了地幔之中。

IBM岛弧正下方有“正在成长中的新的大陆地壳”，以及在这个岛弧地下的莫霍面下面有“侵入的地壳成分”，根据这两个发现，研究者新提出来一种大陆诞生的假说。

“大陆生成自海洋说”

以上述两个发现为主要事实根据，2008年，巽好幸等人提出了一个大陆形成的模型。这个模型叫做“大陆生成自海洋说”。

这种假说描述的大陆诞生的过程如下文所述。以前的理论一直无法说明如何能够从大洋地壳产生出大陆地壳。在这种新假说中，对地壳中的较轻成分和较重成分以莫霍面为界分别加以考虑，以此来说明大陆地壳的起源。

（1）在IBM岛弧那样的俯冲带，板块插入地球的深部。插入的板块含有大量的水。

（2）被板块带进地球深部的水使地幔（固体）变得容易融化。地幔的融化部分变成同地幔成分相近的玄武质岩浆。（左页图**B**）。

（3）在第2步形成的玄武质岩浆上升，穿透大洋地壳，使大洋地壳融化并与之混合，形成新的地壳（**B**）。这新形成的地壳就是“初期岛弧地壳”。它的主要成分是与大洋地壳相同的玄武岩，但是微量成分不同。

（4）此后，一次又一次由地幔形成的玄武质岩浆加热初期岛弧地壳，结果，也将初期岛弧地壳融化。

（5）此时，富含二氧化硅的较轻成分上升（**C**），成为安山质的岩浆。这种岩浆冷却、凝固后，变成“正在成长中的大陆地壳”（**D**）。

（6）在第4步被融化的初期岛弧地壳，在第5步失去了较轻成分之后，只剩下二氧化硅含量较少的相对较重的成分。这些较重的成分穿过莫霍面，侵入地幔（**C**）。

（7）第1～6步反复进行，结果，在第5步形成的“正在成长中的大陆地壳”终于变成了大陆。在第6步穿过莫霍面向下侵入的具有较重成分的物质则向地幔的底部下沉。

上面描述的这种形成大陆地壳的过程已经在计算机进行的模拟实验中得到验证，而且与观测结果没有矛盾。

巽好幸说：“初期，岛弧地壳融化后剩下的较重物质向下侵入地幔，可以把它们称为‘反大陆物质’。这些反大陆物质最后会下沉到地下深达2900千米附近的地幔底部。其后参与对流，在数亿年后又会作为火山的原料像夏威夷火山那样喷出。”

钻探海底，寻找实物证据！

关于地球内部的结构，现在同时存在着许多不同的学说，其中大多是以地震波的调查结果作为依据。这些学说推测的是地下数千米深度的情形，是名副其实的“渺无人踪”的地方。

日本现在拥有一艘地球深部勘探船“地球号”。地球号参加了从2003年开始的“国际海洋钻探计划”（Integrated Ocean Drilling Program，IODP），是该计划中担当主力的尖兵。

地球深部勘探船“地球号”。全长210米，从船底到钻塔顶高130米（相当于30层楼高），重5.7087万吨，为日本的大型钻探船。2005年建成。作为IODP计划的主力船，可以钻至海底以下约7千米，相当于达到地幔的深度。全世界具有如此能力的钻探船屈指可数。

地球号可以钻探到至今也无人能够到达的海底以下约7千米的深度。这个深度相当于钻穿了大洋地壳，已经达到了地幔。能够钻探到这样的深度，探测“正在成长中的大陆地壳”所在的深度自然不在话下。

巽好幸说：“地球号勘探船的投入使用可以直接获得IBM岛弧下方‘正在成长中的大陆地壳’的岩石样本。如果那里的岩石是安山岩的话，那自然就是支持‘大陆生成自海洋说’的重要证据。”

此外，自2013年11月起，由于火山活动持续活跃，岛屿面积一直在扩大的小笠原群岛的西之岛广受关注。位于巨大海底火山顶部的西之岛在1973年喷发就喷出了安山质岩浆，即类似于陆壳成分的熔岩，此次喷出的大部分熔岩也是由安山质岩浆形成的。作为海底火山，这是一个特例，西之岛可能是解开大陆诞生之谜的钥匙。

通过地球的钻探和西之岛的熔岩分析等，科学家正用实际的证据不断地接近大陆诞生之谜的最终答案。N 翻译/王鸣阳

大陆漂移和超大陆

纵览“大陆地图”：过去和将来的地球

我们脚下的陆地正以每年几毫米到几厘米的速度在移动。由于速度非常慢，日常生活中通常无法觉察到陆地的运动。但是，在46亿年的漫长历史中，地球经历了数次分分合合——大陆聚集在一起成为“超大陆”，而后又分裂成为新的大陆。大陆的合并和分裂是生物多样性的重要成因。一起来看看3亿年前到2亿年后大陆的移动和超大陆的地图。

图像/罗纳德·布莱基（Ronald Blakey）

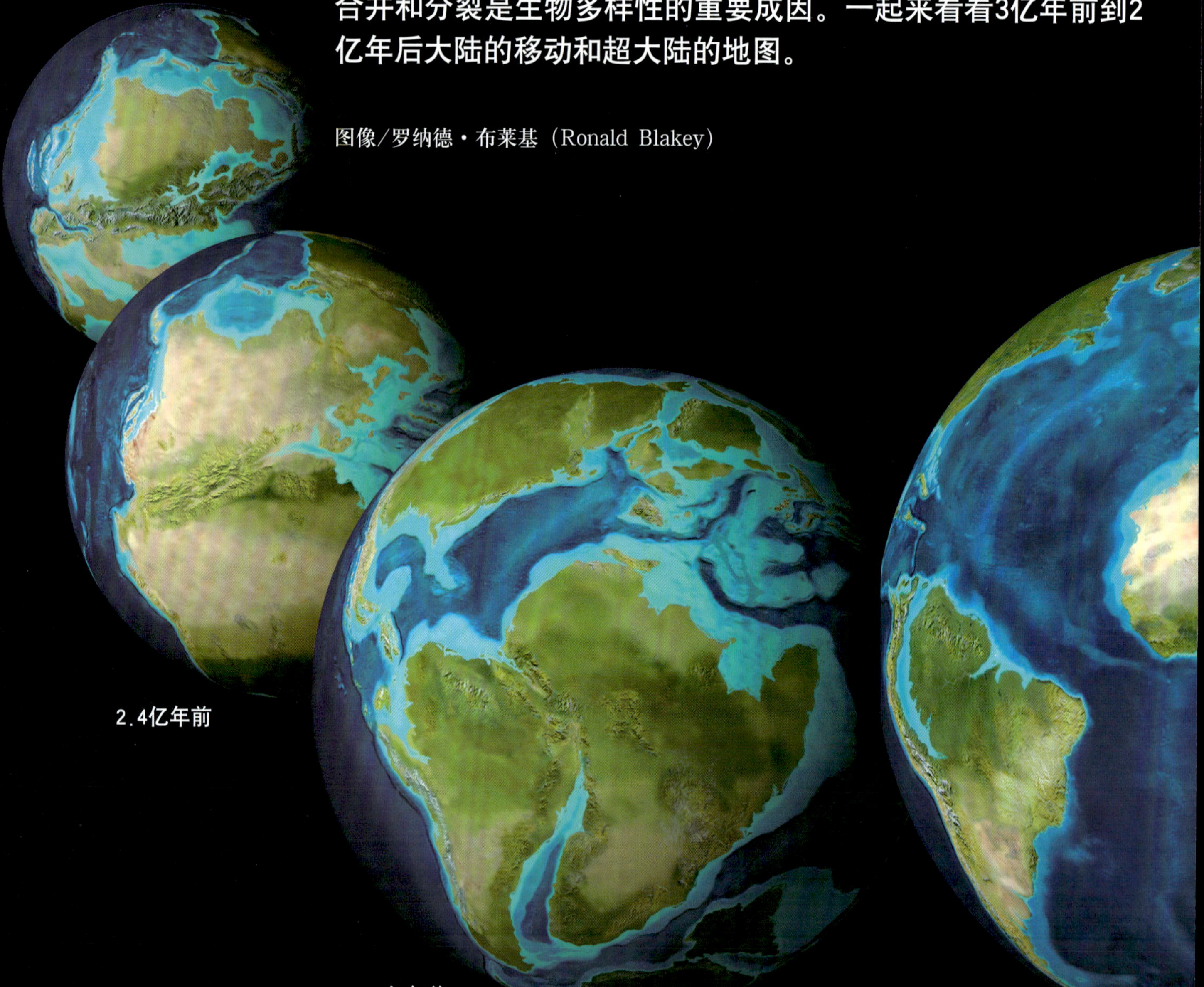

3亿年前

2.4亿年前

1.2亿年前

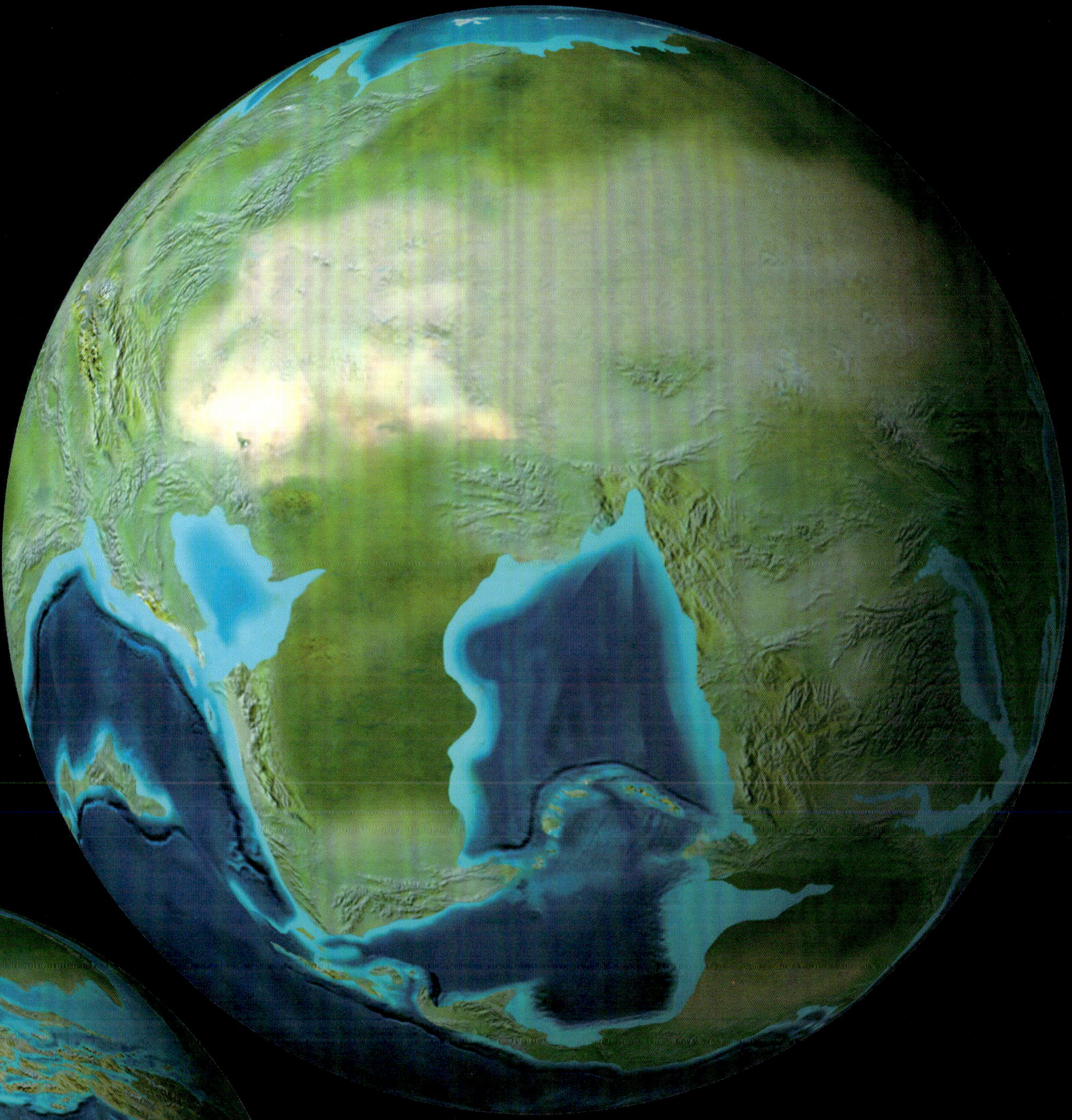

2亿年后

3亿年前的过去至2亿年后的未来

美国北亚利桑那大学名誉教授、科罗拉多高原地球系统公司的罗纳德·布莱基博士所复原的古地图再现了3亿年前～2亿年后的地球。布莱基博士基于许多学术论文，包括古地磁、古生物以及构造事件的证据，耗费二十多年作成了各个时代地球的古地理图。本文介绍的地图和地球均由布莱基博士绘制，不同的地形特征使用了不同的颜色加以展示（右侧图例）。但是，这些大陆的布局并非定论。对于远古时代的情况，现在仍有很多争论。本文不是回溯大陆的移动历史，而是从远古时代看到未来。

注：“超大陆”（泛大陆）一词并没有严格的定义，本文把“多个大陆形成的巨大大陆”称为“超大陆”。

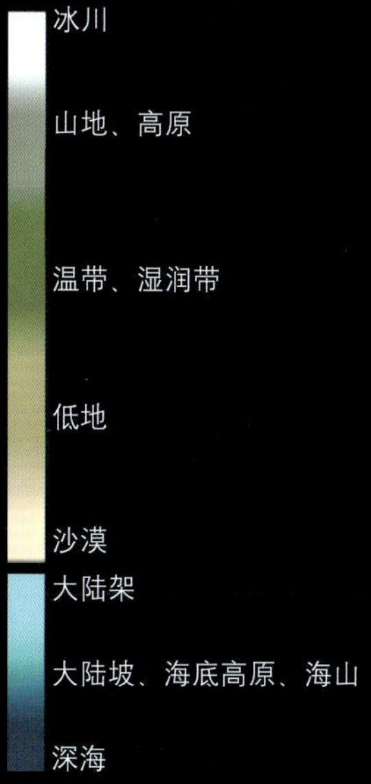

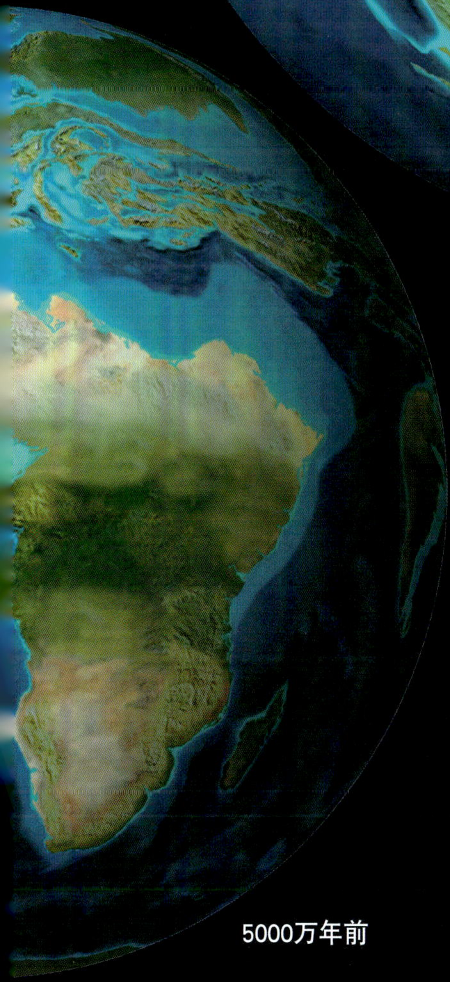

5000万年前

现在的南美洲、非洲、南极洲、澳大利亚

德国气象学家阿尔弗雷德 · 魏格纳（Alfred Wegener，1880～1930）认为大陆曾经聚集在一起，形成过超级大陆“盘古”(Pangaea)，并提出了“大陆漂移说”。

盘古大陆的南半部被命名为“冈瓦纳大陆”。冈瓦纳是现今南半球大陆和印度聚集到一起形成的超大陆，出现于约3亿年前，延续到约1.5亿年前。右图下半部的陆地就是冈瓦纳大陆。

两栖类在约3.6亿年前登上陆地，植物在约3.6亿～3亿年前的石炭纪迎来大繁荣，此后的地图因而染上了绿色。在约3亿年前，冈瓦纳大陆被森林和冰川所覆盖。此时，华北和华南是位于赤道附近为温暖海水环绕的陆块。在陆地上，脊椎动物只有两栖类和小型的爬行类，同时还是昆虫的天堂。

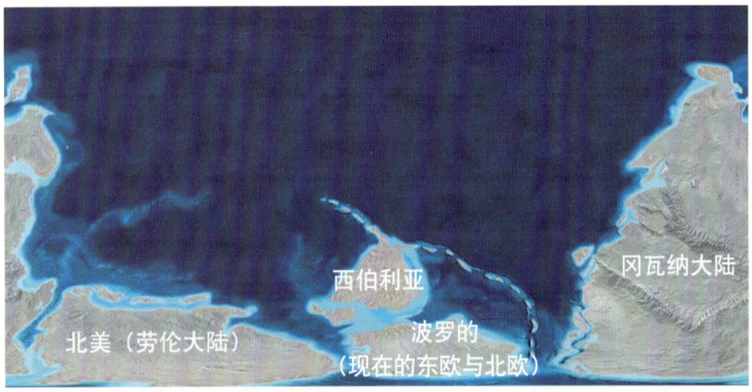

6亿年前

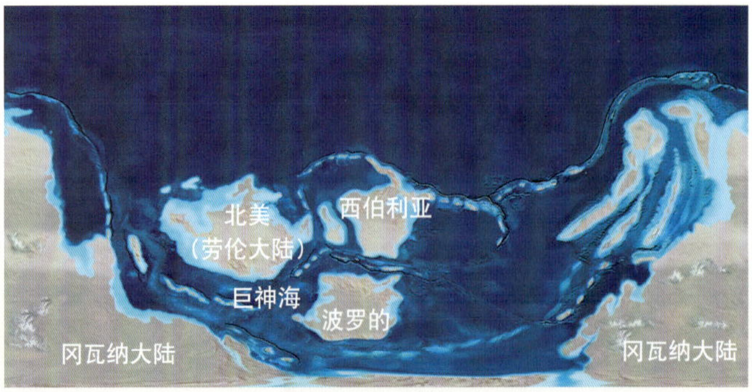

5亿年前

和印度曾一起形成冈瓦纳超大陆

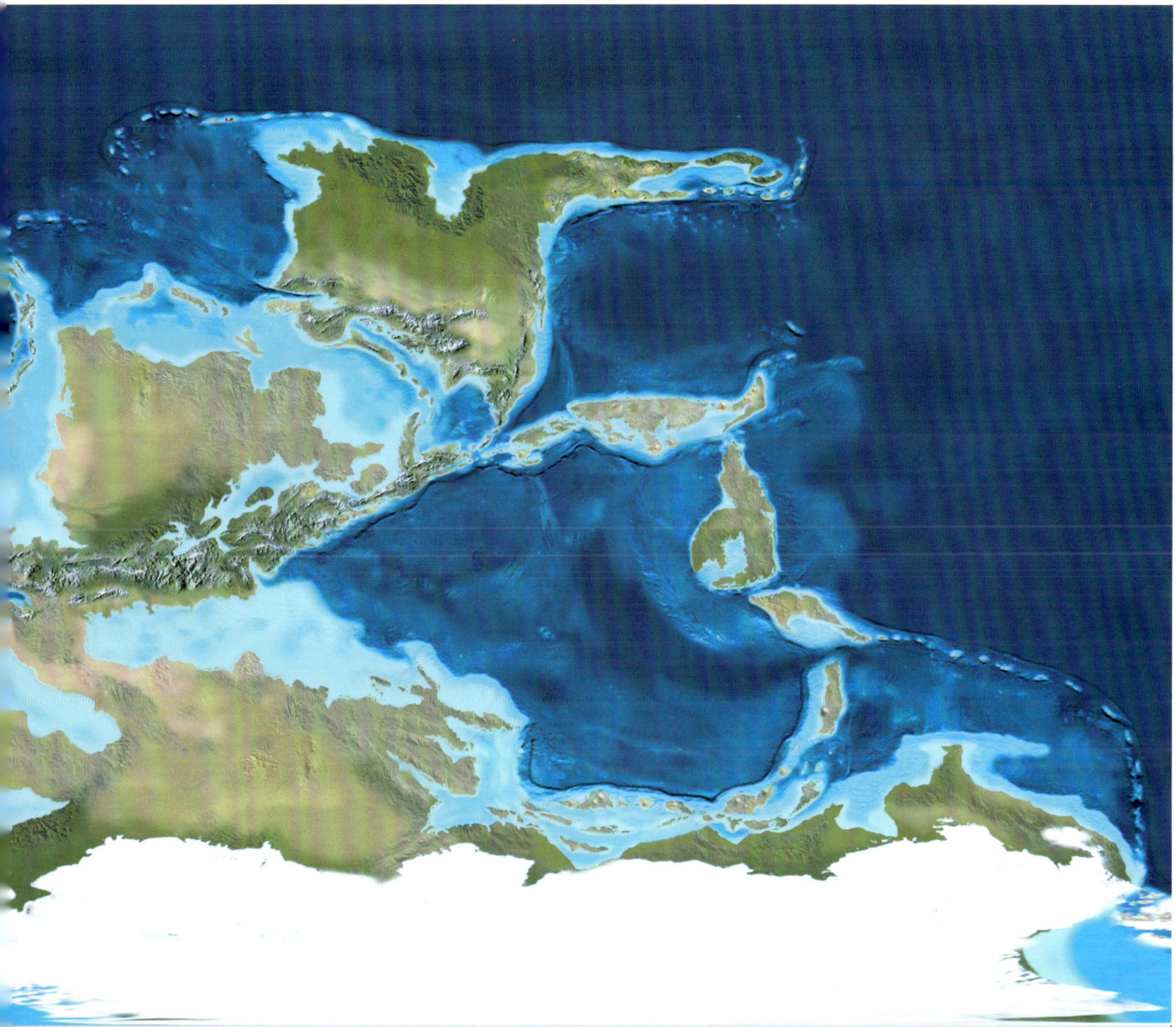

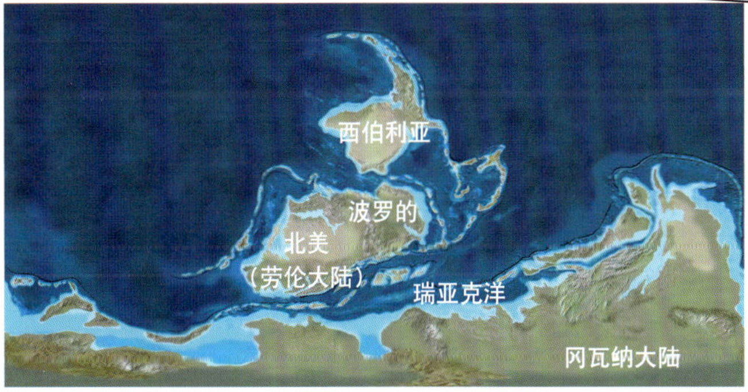

4亿年前

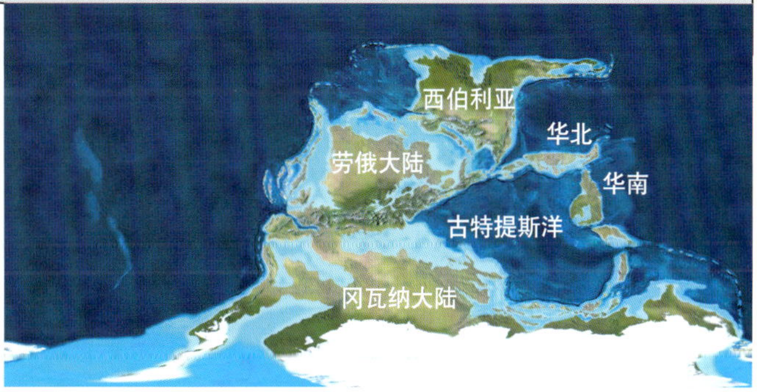

3亿年前（上方为放大图）

所有大陆结合到一起形成史上最大的盘古

盘古大陆的北半部被命名为“劳亚大陆”，是由现今北半球的大陆所形成的超大陆。随着劳俄大陆（由北美板块即劳伦大陆与波罗的板块拼成）与冈瓦纳大陆拼合，西伯利亚板块与劳俄大陆继而汇聚成劳亚大陆，最终构成了盘古超大陆。

右侧地图上连成一片的广阔陆地就是盘古大陆。出现于约2.6亿年前，一直持续到约2亿年前。此时，华北通过塔里木与西伯利亚相连，华南逐渐靠近华北，西藏则是从冈瓦纳大陆北缘脱离的数个小陆块，正在快速向北运动。

在盘古大陆，哺乳动物的祖先“下孔类”、鳄鱼的祖先“镶嵌踝类主龙”以及“恐龙类”展开了激烈的竞争。最初下孔类的生存范围最广，随后镶嵌踝类主龙繁盛，最终恐龙类成为优势类群。

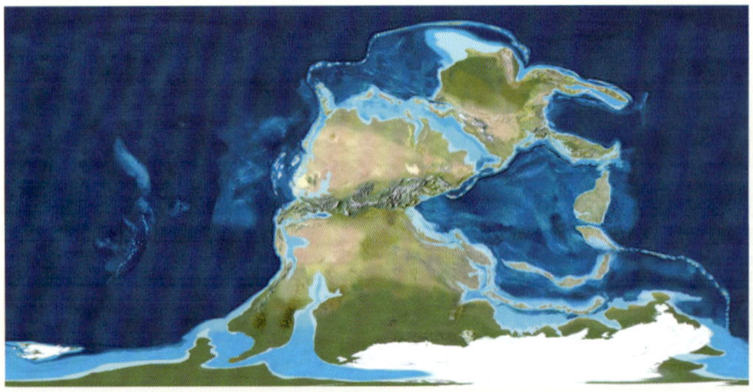

2.8亿年前

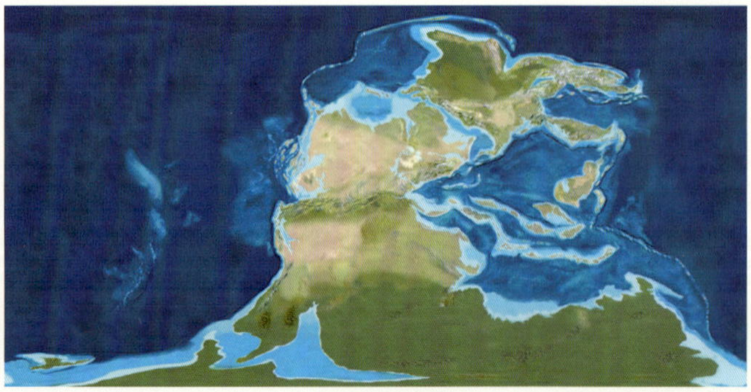

2.6亿年前

超大陆

2.4亿年前（上方为放大图）

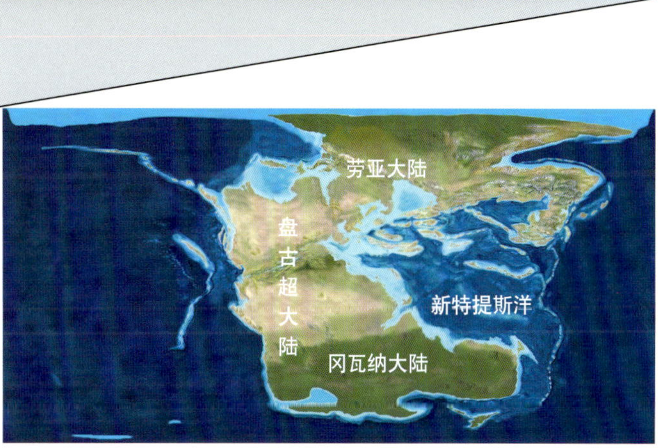

2.2亿年前

盘古超大陆分裂，形成了现在的大陆

从约2亿年前开始，盘古超大陆开始分裂。到约1.5亿年前，冈瓦纳大陆分离出了南美洲和非洲，劳亚大陆分离出了美洲和欧亚大陆，形成了大西洋的雏形。此时，华北、华南、塔里木、西藏相继结合到欧亚大陆上，构成了中国的基础。

到约1.2亿年前，印度次大陆与南极洲分离开始北上，新特提斯洋随之俯冲消减，在其南侧形成了印度洋。约7500万年前，澳大利亚与南极洲分离。

在这个时代，恐龙处于生态系统的顶端。大陆分裂后，恐龙得以在各个大陆独自演化，使其愈加多样。但是，在约6600万年前，巨大的陨石撞击到北美洲，终结了恐龙时代。

2亿年前

1.5亿年前

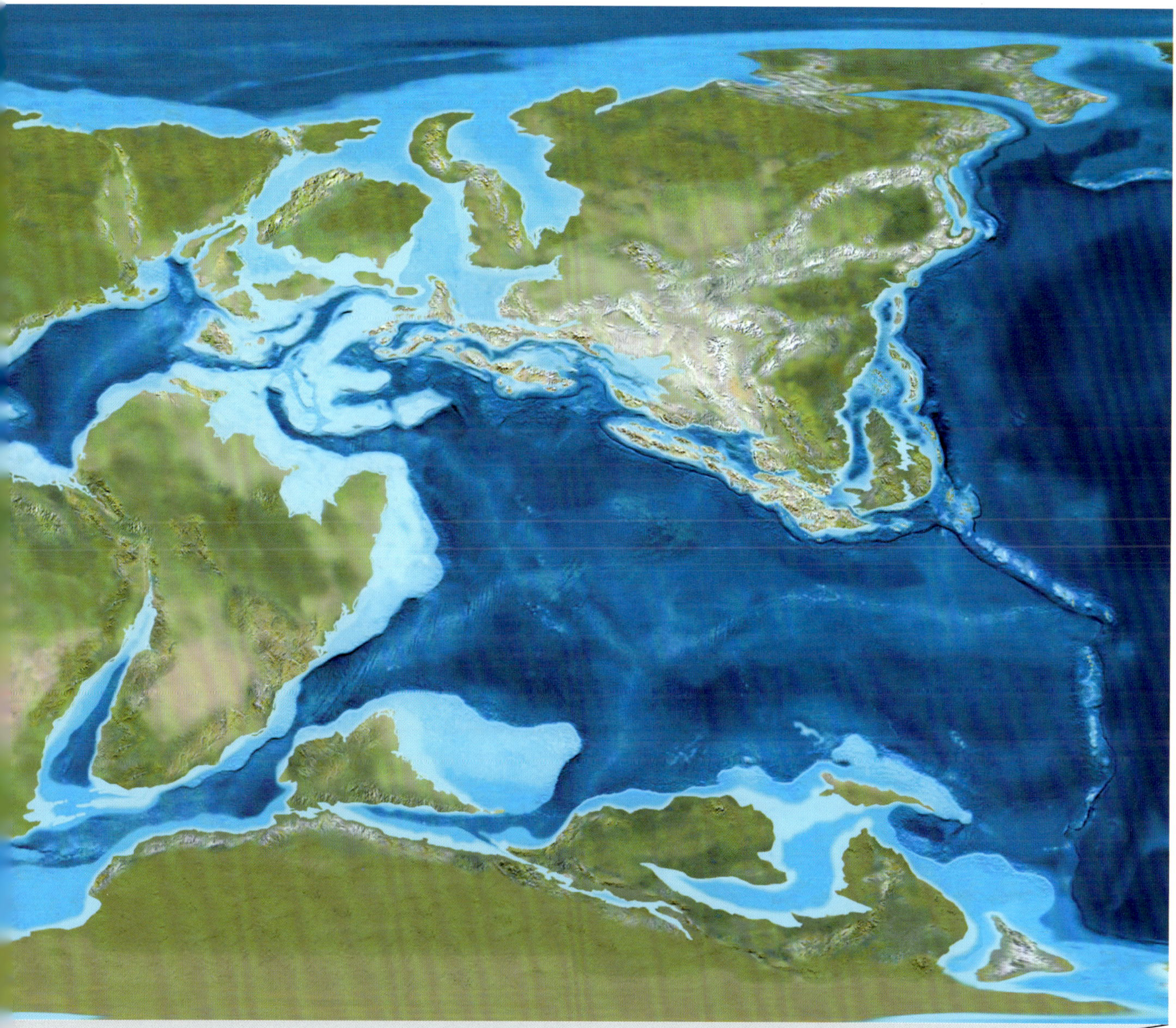

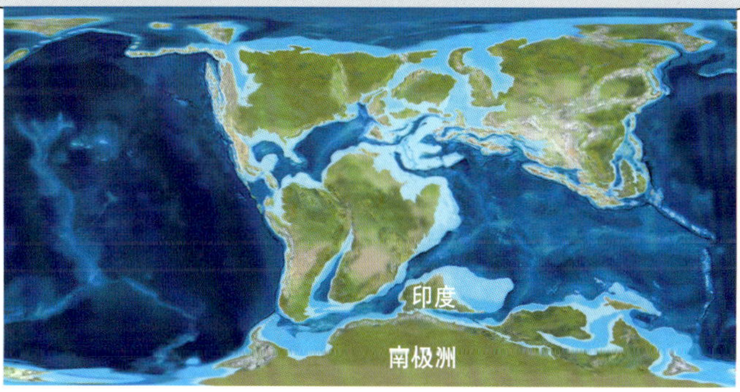

1.2亿年前（上方为放大图）

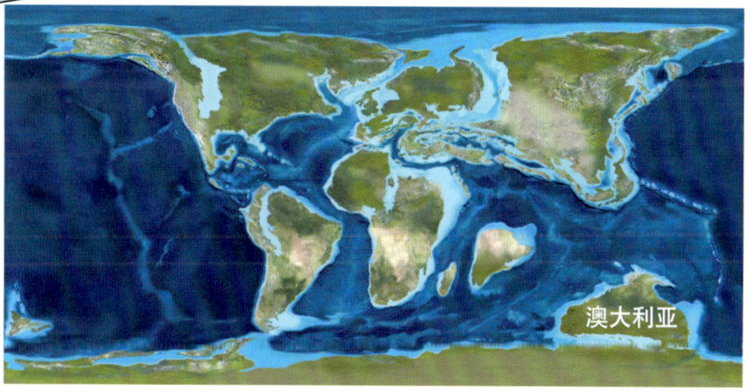

7500万年前

印度与亚洲碰撞，非洲向欧洲靠近

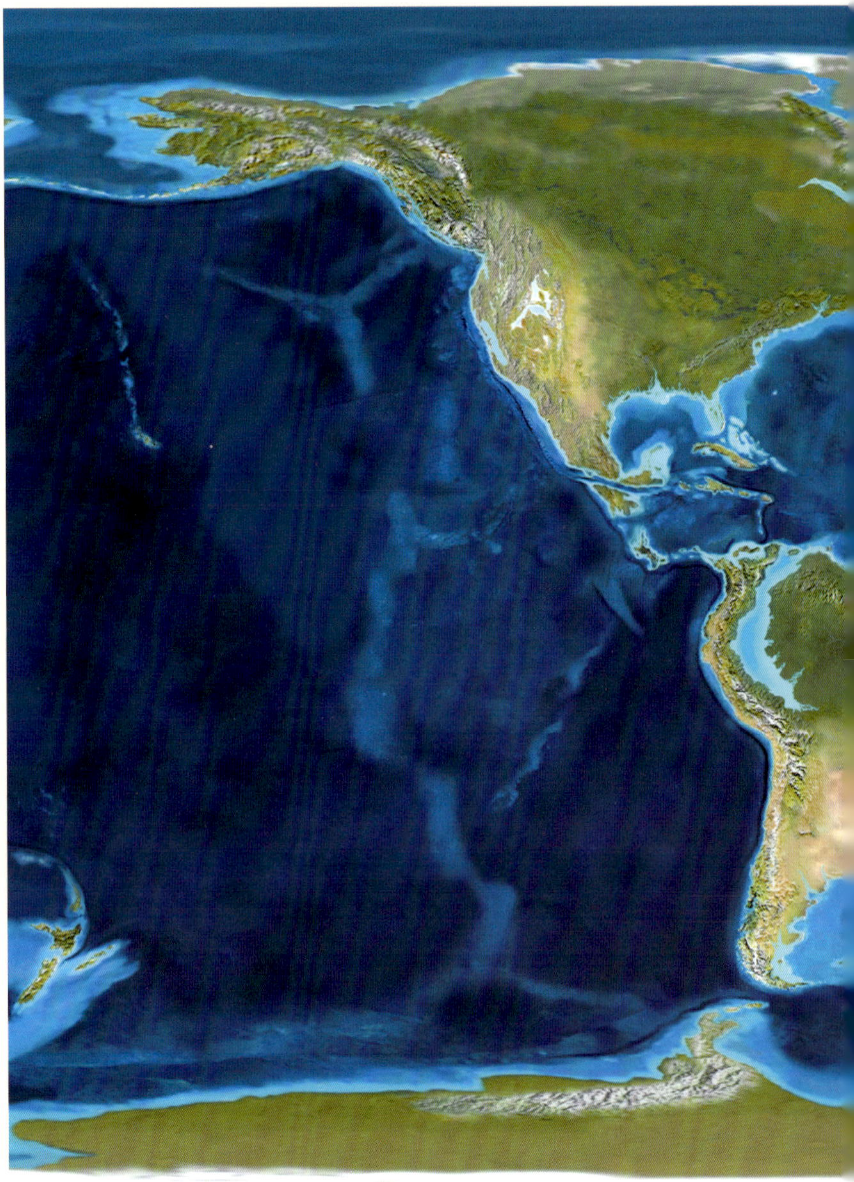

恐龙灭绝后，哺乳动物得到爆发式辐射演化的机会。此外，部分分裂后的大陆又开始相互碰撞。

约1.2亿年前从南极洲分离的印度次大陆，于5500万～4500万年前与欧亚大陆碰撞。印度次大陆向北移动的距离超过6000千米。

印度次大陆与亚洲碰撞后继续北上。原先位于海底的地层被挤压抬升，最终形成喜马拉雅山脉。研究认为，喜马拉雅山脉在1400万～1000万年前就可能已达到最高峰8000米的高度。

同样，在约5000万年前，非洲大陆开始向北挤压欧亚大陆。这样的挤压最终在欧洲形成了阿尔卑斯山脉。

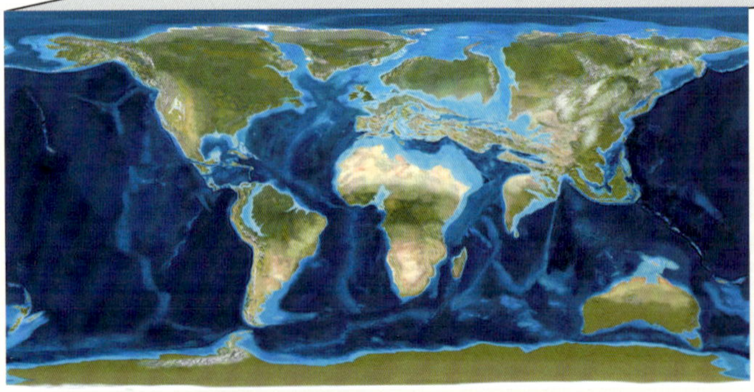

5000万年前（上方为放大图）

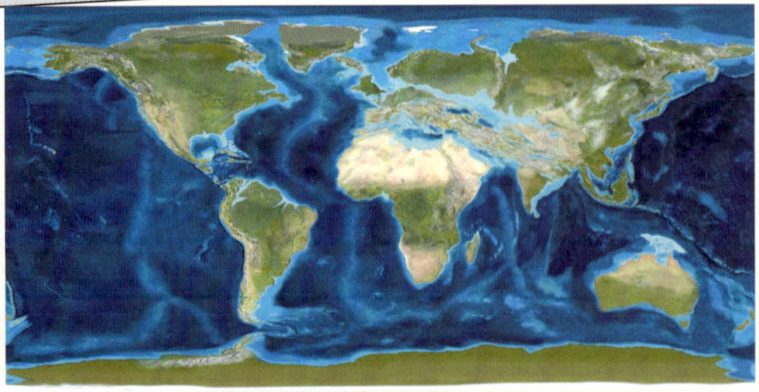

3000万年前

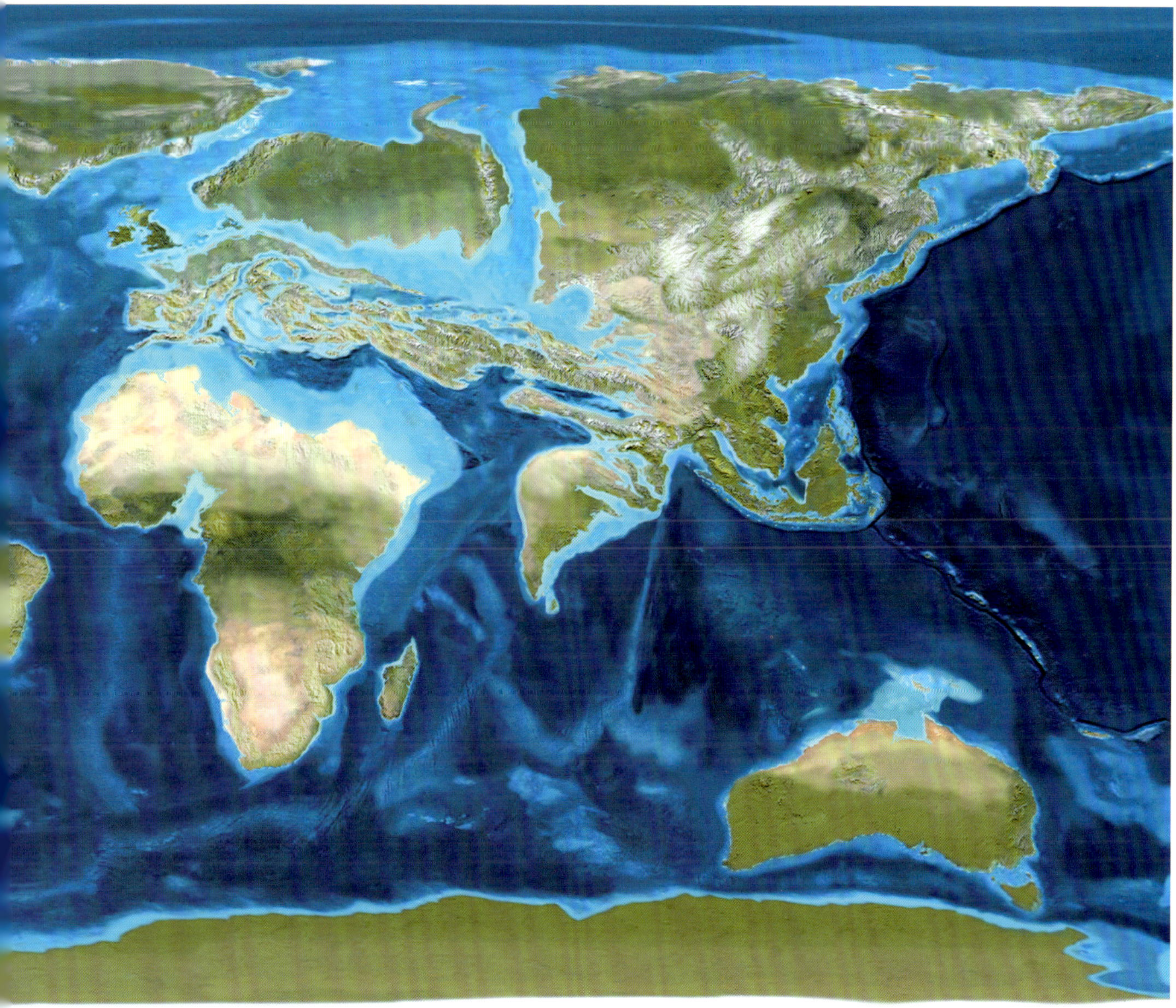

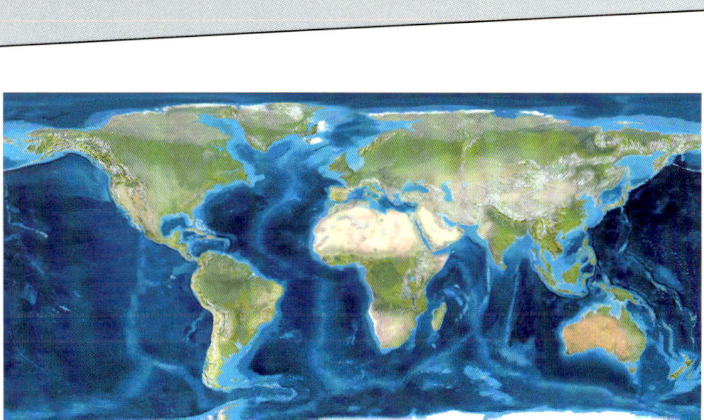

1000万年前

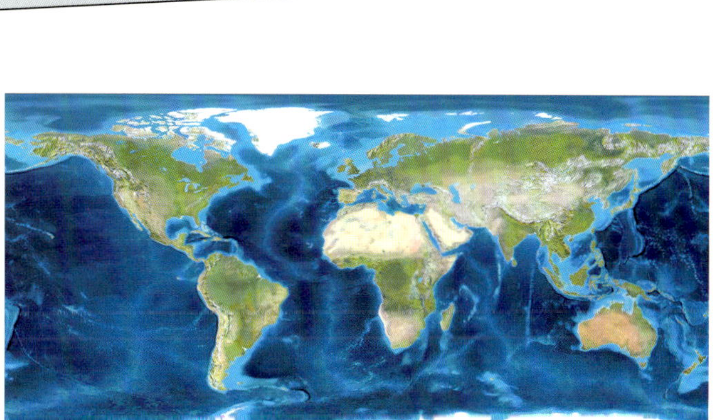

现在

地中海和大西洋消失，新的超大陆出现

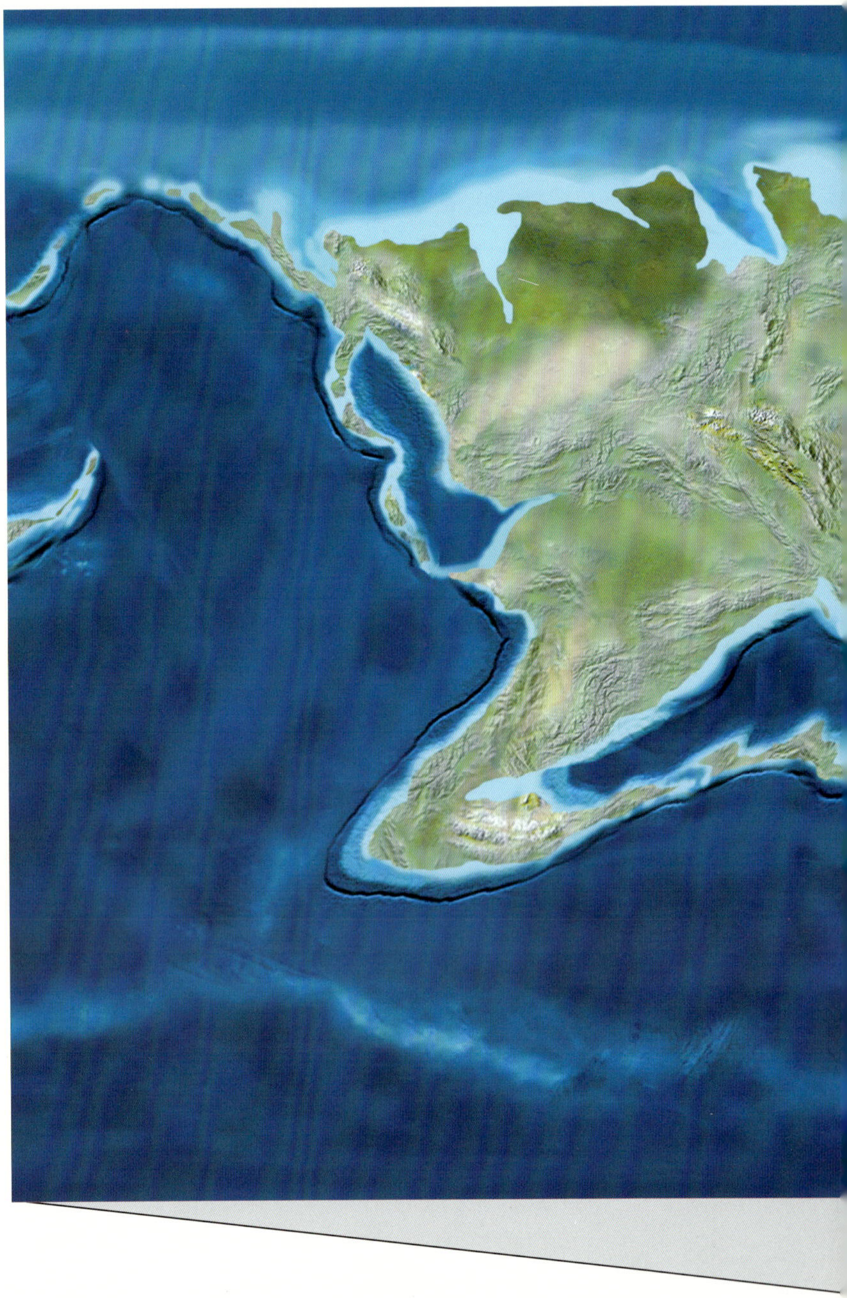

未来的地球到底会变成什么样呢？

如今，非洲大陆正以每年约8厘米的速度向北移动。如果今后继续以同样的速度运动的话，在5000万年内，地中海就将完全消失，非洲与欧亚大陆碰撞并合为一体。

另外，目前，大西洋以每年2～4厘米的速度在扩张。在地球历史上，大西洋似乎以约4亿～5亿年的周期多次循环着开放与闭合的历程。现在的大西洋自形成以来，已经度过了约1.2亿年之久。

因此，在2亿～3亿年后，南北美洲将与已经并合的非洲–欧亚大陆碰撞，大西洋闭合。再一次地，所有大陆聚集在一起形成超大陆。N 翻译/郑文杰

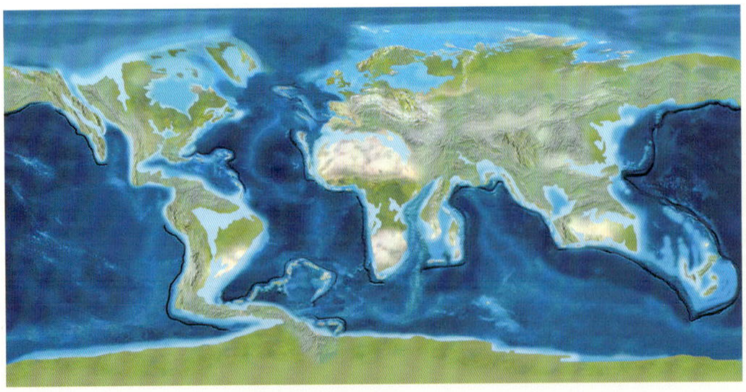

5000万年后

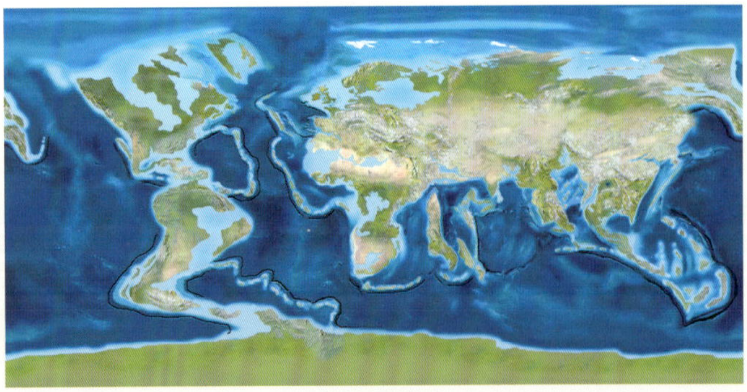

1亿年后

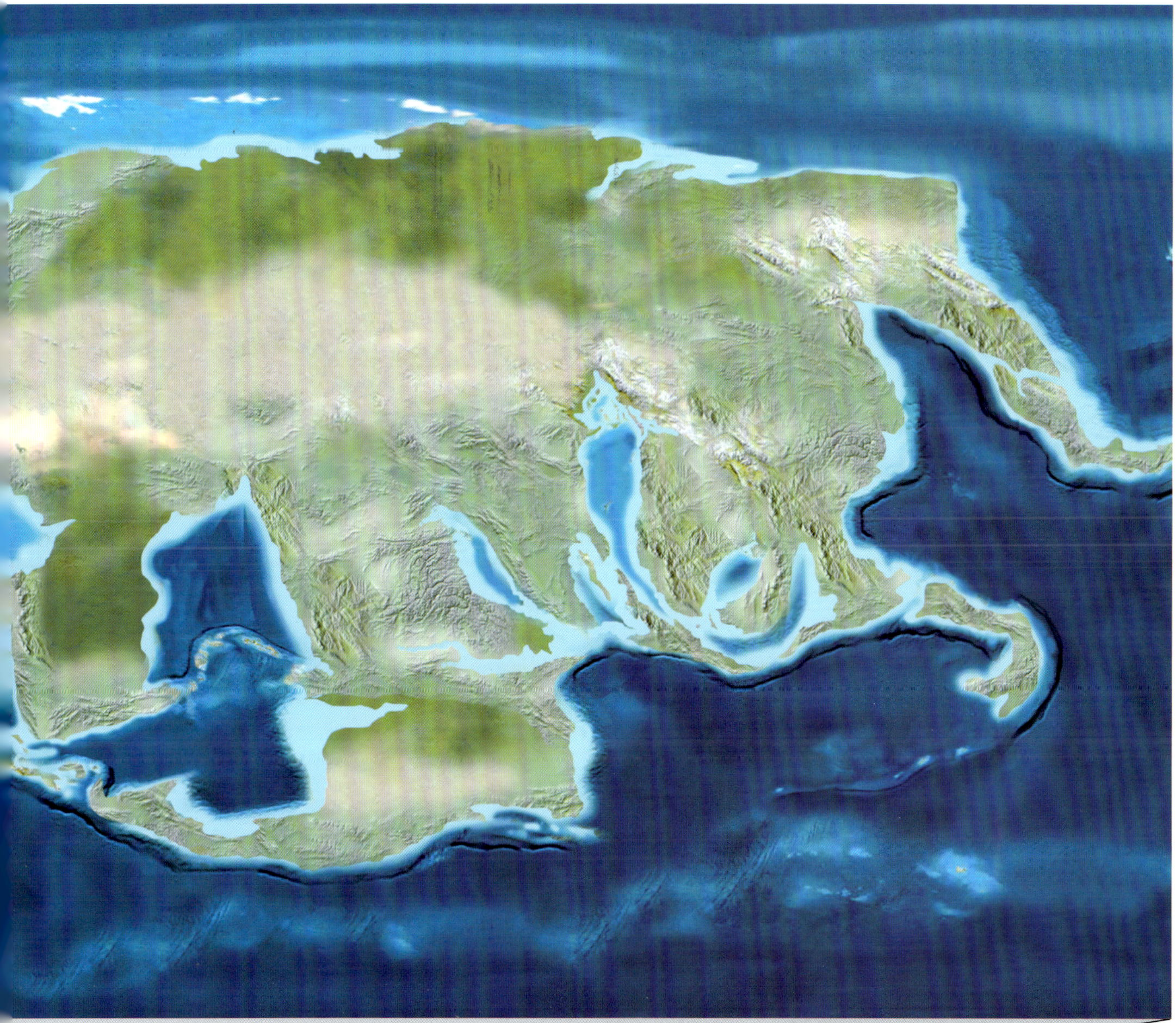

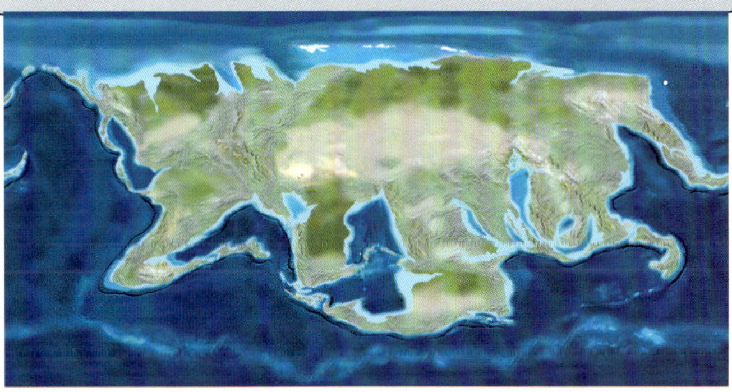

2亿年后（上方为放大图）

2.5亿年后

测定年代的“时钟”

地球诞生、恐龙灭绝等事件无人亲眼目睹，但人们怎么会知道它们发生的年代呢？

在科学领域，了解过去事件发生的年代至关重要。例如，如果不知道地球是何时诞生的，就不能算是了解地球吧。过去的事件发生在哪个年代？挖掘出来的化石又形成于多少年前？这是如何推算的呢？想想的确很神奇。下面就介绍几种年代测定的方法，这也是支撑科学研究的根基。

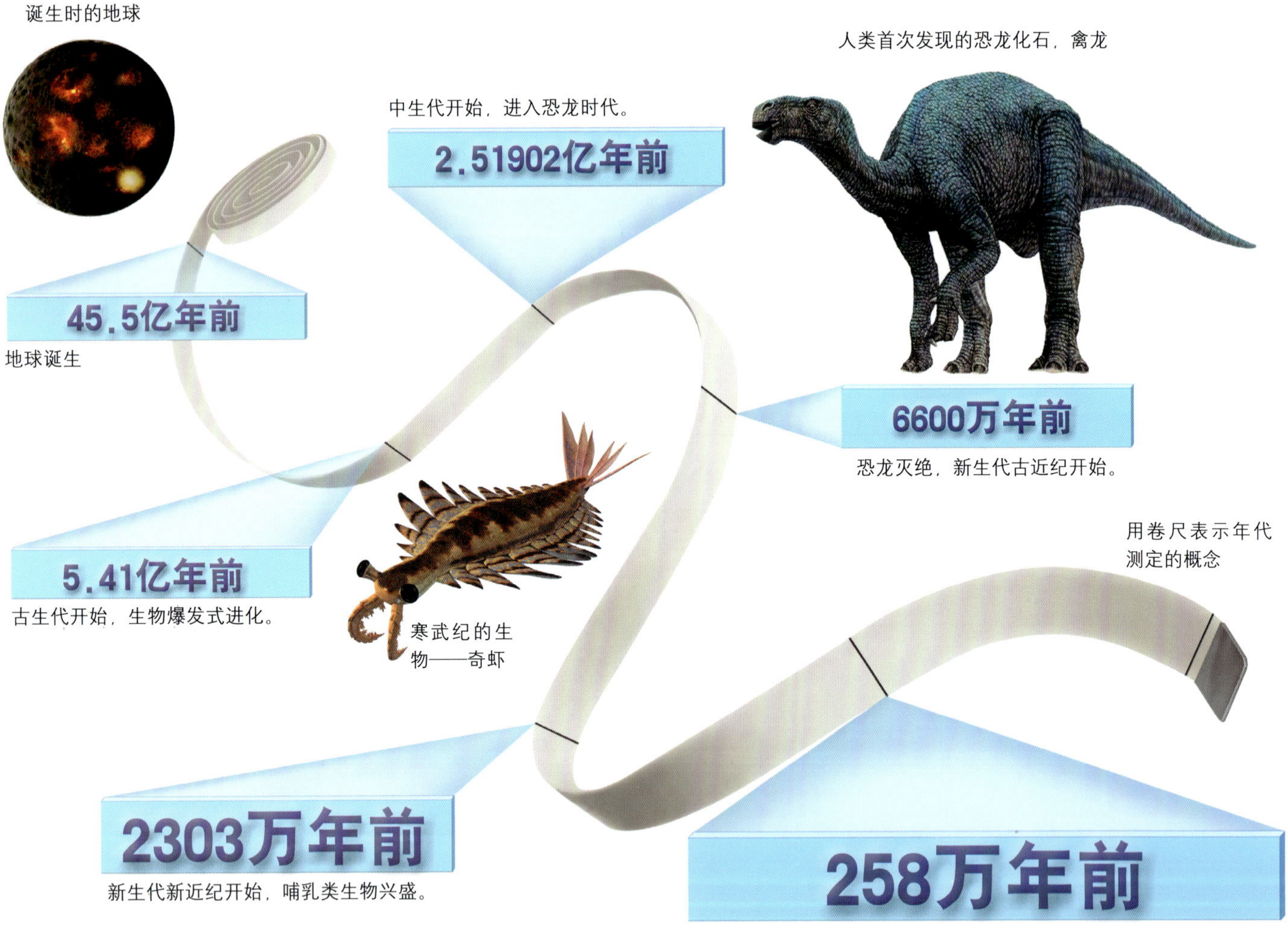

地球诞生于约45.5亿年前，从5.41亿年前开始，地球进入古生代寒武纪，恐龙灭绝是在6600万年前。所以说，使用恰当的年代测定方法对参照物（样本）进行测定，就能够知晓过去事件所发生的年代。

艾萨克·牛顿发表关于牛顿力学的《原理》（自然哲学的数学原理）是在1687年；克里斯托弗·哥伦布发现美国大陆是在1492年。人们之所以能够得知这些事件的年代，多亏了当时文献资料的记载。

那么，恐龙是何时灭绝的呢？地球诞生又发生在多少年前？那时候还没有人类，当然也就不会存在任何文献资料。尽管如此，人们还是推算出了恐龙灭绝的时间大约在6600万年前，地球诞生在45.5亿年前左右。这简直就像是魔法！

了解过去事件发生的年代，对科学研究至关重要。然而，仅仅测定地球诞生年龄这一项，人类也是几经周折方才确定。

19世纪，地质学家们根据沉积物形成的“地层”厚度及其堆积速度，估算出了地球的年龄。但结果差别极大，从数千万年到10亿年以上。另外，英国物理学家威廉·汤姆孙（通常被称为开尔文勋爵，1824～1907）通过计算从地球诞生时的熔融状态冷却到如今的状态所花费的时间得出，地球年龄不足1亿年。汤姆孙曾在热力学和电磁学方面获得了许多研究成果，但关于地球年龄的研究没能得出相对正确的结果。

导致汤姆孙结论错误的原因在于，原子“放射性衰变”会在地球内部产生热能，从而延缓了地球冷却凝固的时间，这在当时无从知晓。那么，放射性衰变又是怎样发生的呢？

利用“放射性衰变”测定地球形成的年代

作为物质的基本单位，原子的中心有一个由“质子”和“中子”组成的“原子核”。根据种类不同，有一部分原子核结构不稳定，会转变为其他种类的原子核，这一现象叫做放射性衰变。原子衰变时会产生大量热能，所以延长了地球的冷却时间。

原子的性质（元素的种类）是由内部所包含的质子数量来决定的，如碳元素是质子数为6的原子。虽然是相同的元素，但中子的数量并非完全相同。以碳元素为例，除了6个质子和6个中子的“碳12”（^{12}C）之外，还有6个质子和8个中子的“碳14”（^{14}C）等，这类原子被称为“同位素”。而此处出现的12和14等数字被称为“质量数”，即质子和中子的数量和。

碳12是稳定型原子，而碳14不稳定，有时会发生放射性衰变，变为氮14。放射性衰变发生的概率根据放射性同位素的种类不同而不同，但无论在何时何地，同种放射性同位素发生放射性衰变的概率是固定的。本文介绍的“放射性年代测定”法所依据的就是原子的这一性质。

某种放射性同位素发生放射性衰变，其原子个数减少至原来数量的一半所需的时间，叫做“半衰期”。例如，碳14的半衰期约为5730年，某物质中所包含的碳14，其原子个数在第一个5730年后会变为原来的一半，在第二个5730年会再减少一半，即变成原来的1/4。另外，根据放射性同位素的种类不同，半衰期的值也会有很大差别。

如果我们知道某种样品（生物遗骸、岩石、矿物质等）放射性同位素原来的原子数量，然后测定出现在减少到了百分之多少，根据其半衰期的值，就可以推算出该样品形成的年代。例如，在某样品中，碳14的原子数量已变为原来的25%，那么该样品已经历了碳14半衰期5730年两倍的时间，即1.146万年。这就是放射性年代测定的基本原理。然而，要确定“原来的数量”并非易事，这是放射性年代测定的关键所在。

正确进行年代测定的必备条件

每种样品有各自恰当的放射性年代测定方法。首先，与放射性同位素的半衰期相比，如果样品过于古老，放射性衰变过度，就无法检出放射性同位素。相反，如果样品过于“年轻”，放射性衰变不充分，放射性同位素检测同样也无法进行。

这也是理所当然的事情，如果样品中本身就没有我们要寻找的放射性同位素，那也就无法利用放射性同位素的方法进行年代测定。

另外，要想进行放射性年代测定，必须确保从样品对象形成至今，相关放射性同位素没有增减（或者能够推测其增减的量），这一点也非常重要。若非如此，无论怎样提高放射性同位素测定的“精确度”，算出的年代“准确度”也不会提高。所以，正确的年代测定需要用正确的方法对合适的样品进行分析。

5万年以内的有机物年代测定可以选择“碳14法”

下面，我们将具体来看几种典型的放射性年代测定方法。首先，如果样品的年代预测为5万～6万年以内，并且含有有机物（即碳），这种情况下，我们多使用“碳14法”（也被称为^{14}C法或C14法）。

碳14属于放射性同位素，会以固定的概率发生放射性衰变，变为氮14。但是，自然界（这里指地球上的海洋、大气圈和生物圈）中的碳元素不会因此而减少。这是因为来自宇宙空间的高能量射线（宇宙线）与大气分子碰撞时会释放出大量中子，中子遇到大气中的氮14后会不断产生新的碳14。

于是，在整个自然界，碳14在生成与消失比例均衡的状态下保持稳定，所以说，碳14与碳12的比率（同位素比）是固定的。如今，在大自然中，1万亿个碳12原子对应1个碳14原子。在碳14法适用的5万～6万年以内，人们假设该比例是基本固定的。

接下来，我们以生物遗骸为例进行测定。假如有一株生存于1万年前的植物，它在进行光合作用时吸收了大气中的碳14。我们假设当时大气中的碳14与碳12的同位素比与现在一致，那在这株植物存活期间，其体内碳的同位素比应该也与现在相同。其实不仅仅是植物，由于“食物链”的作用，动物体内的碳同位素比也与现在一致。

该生物死去后，其体内碳14与碳12的数量就会固定下来。此后，由于放射性衰变，碳14会按一定的比例转变为氮14，生物遗骸中的碳14会随时间而减少。但碳12不会发生放射性衰变，所以不会出现数量增减。

假设我们现在挖掘出了该生物遗骸，测定出其所含的碳同位素的比值，并与现在大气中的碳同位素比进行比较，就会得出碳14减少的数量。根据这个结果和碳14的半衰期（约5370年）两个值，我们就能计算出该遗骸的年代（该生物死去的年代）。

现有的测量仪器计算出的碳14与碳12的比例可以精确到1000万亿分之1。1000万亿分之1是自然界碳同位素比的1000分之1。而碳14因放射性衰变减少至原来的1000分之1大约需要6万年的时间。因此，我们用碳14法所能够测定的年代长度，最大为6万年左右。一般情况下，为了减少误差，我们多控制在5万年以内。

近年来，碳14法及后面我们将要介绍的“氩-氩法”“铀-铅法”的测定精确度不断提升，只要条件完备，测定本身带来的误差已经可以控制在0.1%左右。

年代测定修改了历史

碳14法在测定约5万年以内死去的生物遗骸（木片、树叶、花粉、骨头等）或留有该生物遗骸的木材、纸张等样品的年代时，发挥了重要作用。

例如，测定包裹耶稣基督遗骸的“都灵裹尸布”的年代就非常有名。都灵裹尸布是一块亚麻布，根据传说，耶稣在十字架上被钉死之后，尸体就是用它包裹、下葬的。那这块布就应该是公元1世纪左右的物品。1988年，科学家根据碳14法进行年代测试结果显示，该布是1260～1390年之间的物品。但是近年来又有人指出，当年测定的样品是后人修复的补丁，争论还在继续。

使用碳14法进行测定时，必须仔细确认该样品是否有碳元素的增减、是否混杂了不同年代的异物等。而且，测定得出的数值（碳14年代）与实际

何为半衰期？

放射性同位素的数量会随着放射性衰变而不断减少。放射性衰变是一种随机现象，我们无法预测某种放射性同位素原子中哪个原子会发生放射性衰变。但是，由于每种放射性同位素发生放射性衰变的概率是一定的，所以每种放射性同位素的原子减少至半数的时间也是一定的，这个时间被称为半衰期。

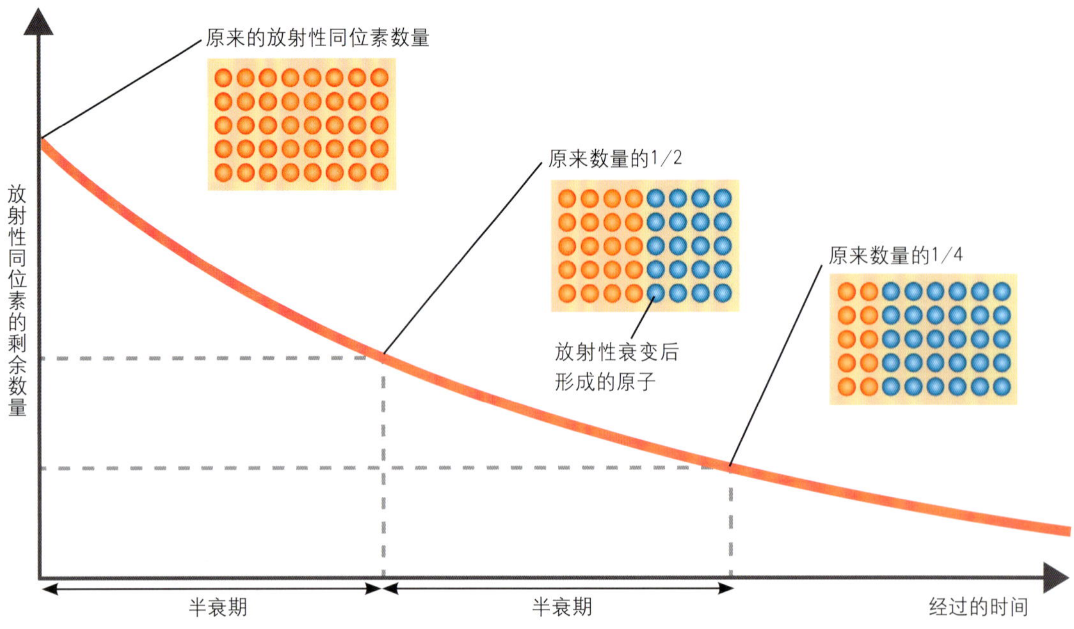

碳14法的原理

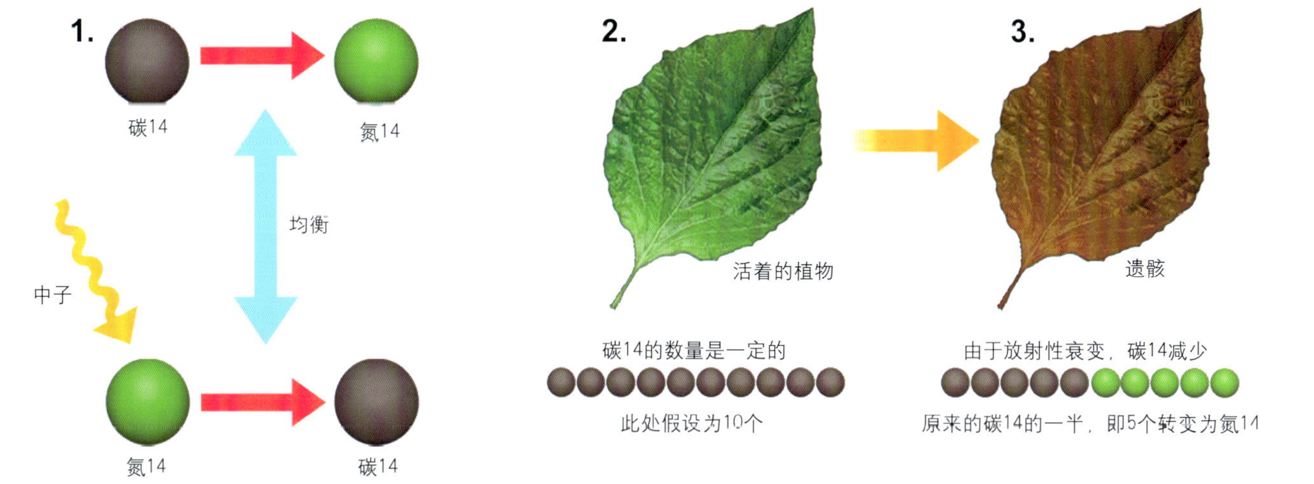

在大气中，经过放射性衰变，碳14会在固定的概率下转变为氮14，而氮14在与中子碰撞后，会有一部分转变为碳14。这两种现象使得大气中碳14的量始终保持平衡，维持在一个固定的数值（**1**）。植物通过光合作用，吸收了包含碳14的二氧化碳（**2**）。植物死去后，大气不再给植物供给碳14。而随着时间的推移，碳14通过放射性衰变逐渐转变为氮14（**3**）。现在我们通过测定遗骸（树叶）中碳的同位素比（碳14与碳12的比），并将其与原来的碳同位素比进行比较，就能够推算出从植物死去到现在所经历的时间。

的年代（经历年代）之间会有一定的偏差，需要校正。关于校正的方法，后面我们会仔细讲述。

适用年代广泛、样品丰富的“钾–氩法”

下面我们再来看一下其他的放射性年代测定方法。用“钾”或“氩”进行测定的“钾–氩法”（K–Ar法）、“氩–氩法”（Ar–Ar法）是测定岩石或矿物质年代的典型方法。钾中含有一种叫做钾40（^{40}K）的放射性同位素，钾40的一部分会通过放射性衰变变成氩40（^{40}Ar），其半衰期大概为12.5亿年，而氩40是一种稳定的同位素，不会发生放射性衰变。

我们以一种岩石为例来分析。这块岩石是从熔融状态到地表附近冷却凝固而成。我们假定，直到冷却凝固之前，该岩石与大气之间一直有氩元素的交换，而氩的同位素比与现在大气中的氩同位素比相同。同时，我们假设岩石冷却凝固后，岩石中的氩和钾的数量就固定下来。此后，该岩石中所含的钾40经过放射性衰变转变为氩40，氩40的数量会逐渐增多。

现在，我们来测定这块岩石的年代（岩石冷却凝固的年代）。要测定该岩石的年代，我们只要明确现在其中所含钾40与钾40衰变形成的氩40的数量即可。有了这两个数值，我们就能知道岩石中本来存在的钾40中有多少发生了衰变，然后再根据钾40的半衰期，就能算出该岩石的年代了。另外，用现在岩石中所含氩40的总量，减去岩石形成时从大气中进入岩石的氩40的数量（根据现在大气中氩同位素比来计算），就是放射性衰变形成的氩40的数量。

现如今，钾–氩法得到进一步发展，人们更多开始使用氩40与氩39的比率，即氩–氩法。由于这种方法只需测定氩同位素的比，所以具有精确度更高等多种优势。

另外，在使用钾–氩法或氩–氩法时，需要注意氩40是否经历了我们所假定的过程。如果岩石中氩40本来的含量高于大气，或岩石形成后又一次受到加热融化等，都可能造成已经积攒的氩40转移到大气中。

同时，这种测定方法覆盖的年代范围从10万年到数十亿年，非常宽泛。而且大多数岩石或矿物质中都含有钾，所以样品适用性较强。在测算恐龙灭绝的主要原因（约6600万年前巨大陨石冲撞地球）时，氩–氩法发挥了重要作用。

分析铀或铅的成分，也能测定地球诞生的年代

下面我们将介绍另外一种典型的年代测定方法，该方法利用的是铀经过放射衰变转变为铅的原理，即“铀–铅法”（U–Pb法）。铀238和铀235是铀的同位素，经过几次中间衰变（半衰期都很长），最终会分别转变成铅206和铅207。铀238的半衰期约为44.68亿年，而铀235的半衰期约为7.04亿年。通过测定矿物

质中铀238和铀235衰变为铅的百分比，就可以推算出该矿物质的年代。

使用这种方法时存在一个问题，即我们不了解当初铀和铅各自的同位素所占的比例。碳14法和钾–氩法中，我们假定其“与现在大气的成分相同”，但铀和铅不能这样假设，因此需要花费功夫弄清这个问题。

详细的说明在此不做赘述，简单来说就是，在希望测定年代的岩石或矿物中选择铀铅比不同的两个或两个以上的样品，测定其铀和铅的同位素比，根据该结果确定年代和同位素比的初值（下图）。另外，还有一种改良版的方法，即通过测定铅207和铅206的同位素比进行年代测定的“铅–铅法”（Pb–Pb法）。

铅–铅法曾为明确地球诞生的年代（45.5亿年前）做出了贡献。一般而言，地球刚诞生时的岩石或矿物，由于之后的加热或侵蚀作用，基本已不复存在。而陨石被看作是地球原材料的残留物，用铅–铅法测定出陨石的年代，在此基础上，再加上行星形成过程的相关理论，我们就推算出了地球诞生的年代。同时，至今为止我们所了解到的地球最古老的物质是现在位于澳大利亚西部的44亿年前的矿物“锆石”，这也是使用铀–铅法测定所知。

利用化学反应或通过数年轮来测定等其他方法

以上我们介绍了几种利用放射性衰变进行年代测定的典型方法，其实不用放射衰变也可以进行年代测定。如“化学年代测定”法，有些样品在一定的状态下可以维持某种特定的化学反应，测定该化学反应所持续的时间，就可以算出该样品的年代了。还有一种方法是，用于制作石器的“黑曜石”表面发生“水合”（水分子补充的化学反应）后会有一层白色的物质，通过测算该物质的厚度来计算年代。由于化学反应的速度容易受温度等因素的影响，所以与放射性年代测定法相比，化学年代测定法的不确定性会更大一些，这也是无法避免的。

相反，有些方法比放射性年代测定法更加值得

地球上迄今发现的最古老的矿物

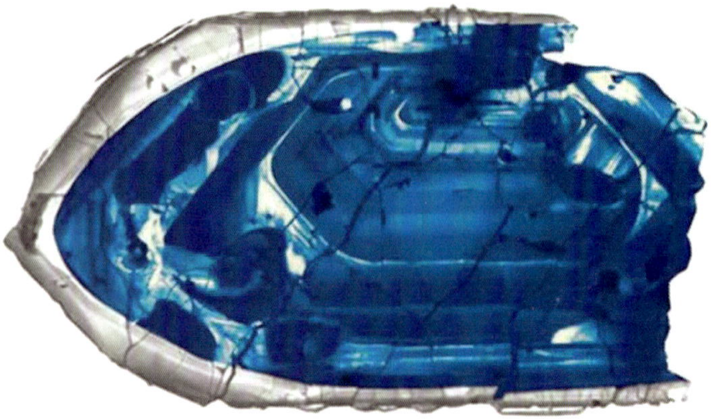

尽管地球上尚未发现44亿年历史的岩石，但从变质岩中采集到了44亿年前的矿物。这枚锆石能很明显地看到同心环带构造，显示了多期的形成过程，44亿年是其核心的年龄，外层最年轻的部分仅有34亿年。

不明确初始同位素比值的情况下的年代测定法

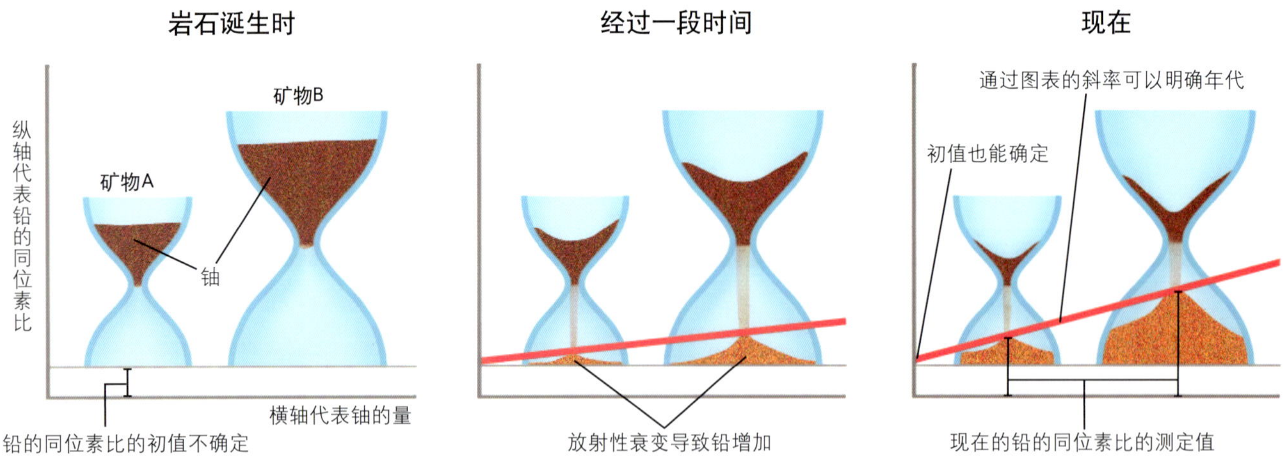

同一块岩石中包含多种矿物质。我们假设岩石中的矿物A与矿物B几乎同时形成（凝固）。但它们各自的铀含量不同。矿物A和矿物B的铀会在同一概率下发生衰变，铅数量增加。现在我们测定铅的同位素比，将其放到图表中，并如图所示画一条直线。通过该直线的斜率就可以算出岩石的年代。如果测定3种以上的矿物，会进一步减小误差。

信赖，如利用树木“年轮”进行测算。树木的生长速度会随着季节不同而发生变化，因此，树木的年轮就会呈现出不同的模样。通常情况下，树木每年会增加一个年轮。从原理上讲，这样一个一个地数出树木的年轮，就可以准确地测定年代了。

碳14法测定的年代需要校正

讲到这里，希望大家还能记着，在碳14法中，我们曾假定碳同位素比的初期条件与现在大气相同。实际上，受照射到地球上的宇宙线数量变动等因素的影响，大气中的碳同位素比也会经常发生变化。也就是说，根据时代不同，样品的碳同位素比的初值会存在差异。

因此，为了让碳14法测定的年代更加准确，我们必须校正这种变化产生的误差。树的年龄可以通过计算年轮的数量得知，而且年轮各部分的年代也可以通过碳14法进行测定。将这两种方法综合起来，就可以缩小碳14法产生的问题，即同位素初值变动所导致的误差。

这种方法可以校正到大约1.255万年前。一棵树寿命有限，分析难度大，但我们可以分析不同时期的多棵树的年轮特征，观察气候条件的变化对年轮间隔带来的形态变化，找出其中一致的部分，从而进行年代分析。但不幸的是，由于1.255万年以前，在这方面研究较成熟的德国和瑞士由于气温过低，树木无法生存，所以很难找到更加古老的树木年轮。

要想校正碳14法覆盖的年代范围，还需要其他方法。用年代测定方法分析珊瑚或钟乳石中所包含的碳14和铀，将所得结果进行对照，或者利用海底沉积物进行分析等，但这都不是最终的准确方法。

“水月湖”的数据被采用为“标准时钟”

接下来我们要谈到的是，日本福井县的“水月湖”湖底残留的“堆积层”的数据。水月湖湖底每年都会随着四季变换，堆积不同种类的沉积物，从而形成条纹花样，像“年轮”一样。水月湖具有“湖底生物少”“没有外面河流直接流入，所以基本没有外部流入的泥沙”“周围岩石断层运动导致湖底下沉，长时间内湖水不会消失”等有利条件，因此，在过去7万年的时间里留下了连续的、美妙的、按年分序的堆积层，这在世界上绝无仅有。

堆积层里有许多沉落湖底的落叶等有机物，对其进行碳14法测定，将其值与年轮值比较，这样就可以追溯补充树木年轮法所无法校正的年代数据。这项结果曾在2012年召开的国际会议上讨论，并被采用为校正碳14法的“标准时钟”（碳14年代校正表）的主要数据。调查研究水月湖的研究团队负责人、英国纽卡斯尔大学的中川毅教授指出，新“标准时钟”的误差在4.5万年尺度上仅有±84年。而过去的“标准时钟”曾出现过近500年的误差。

测定的样品越多，结果越准确，年代测定技术也在不断进步。本文介绍的只是其中一部分，今后也还会有新的方法出现。年代测定技术可能看上去很不起眼，但它是支撑现代科学发展的重要因素，这一点今后也不会改变。 翻译/孙翠翠

从水月湖的湖底提取的样品中清晰可见的堆积层

上图是从水月湖湖底挖掘的样品的一部分。美丽的纹路肉眼清晰可见。图中展示了约4.6万年的堆积层，这张图片显示的仅是280±4年的部分。图中许多黑色的点是有机物（树叶）。对其进行碳14法测定，并与数“堆积层年轮”得出的年代进行比较，就可以校正碳14法测定的误差。图中除了有机物，还可以看到洪水和火山灰分别形成的纹路层。

另外，数年轮的工作并不简单，因为有些年份的年轮无法辨识清楚。因此，这种数年轮得出的结果也会存在一定的误差，而且年代越古老，误差越大。

海洋始于何时？

地球最显著的特征就是“海洋”。那么，海洋究竟形成于什么时候呢？

多年来，人们一直在苦苦探求这个问题的答案。为此，科学家们在全世界范围内展开了各种地质调查，以及被称为“年代测定”的工作。结果表明，最晚在38亿年前，地球上就已经有海洋了。支持这一结果的决定性证据，来自20世纪90年代后期，在格陵兰岛伊苏阿地区发现的38亿年前的熔岩。

这是一种形似“抱枕”的细长椭球状熔岩。从事地史学研究的日本岐阜大学教授川上绅一认为：“这种形态的熔岩对追溯地球历史有着重要意义。”

通常来说，在陆地上喷出的熔岩，被重力作用压扁平铺，结果就是在地表上像黏稠的泥浆一样流淌扩散开来。

那么，从海底喷出熔岩是什么样的场景？在今天的地球上，去往夏威夷附近的海底火山等地就可以看到。喷出的熔岩接触海水后，表面瞬间冷却，产生光滑的玻璃质外壳。随后便沿着斜坡向下方滑动。由于身后不断有滚滚涌出的熔岩供给，最终凝固的熔岩不断聚集到低地。随着时间的推移，熔岩与熔岩之间为海洋沉积物所填充，形成了岩层。

这样形成的熔岩被称为“枕状熔岩”。“枕状熔岩，目前认为在陆地上是绝对不可能形成的。因此我们推测，有这种熔岩存在的地方，在过去应该曾经是海底。”川上教授说道。 翻译/徐蒙

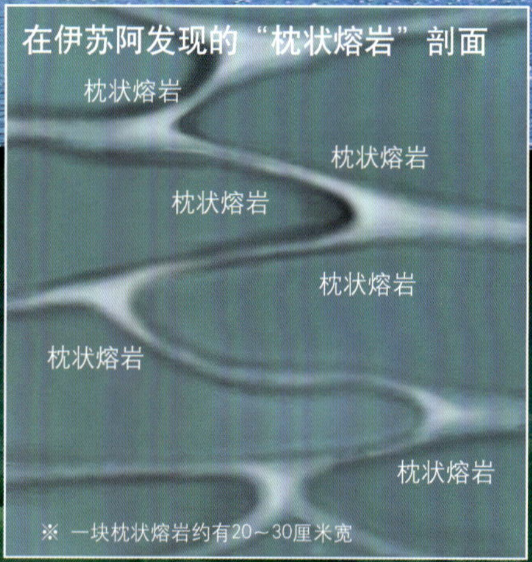

在伊苏阿发现的“枕状熔岩”剖面

※ 一块枕状熔岩约有20～30厘米宽

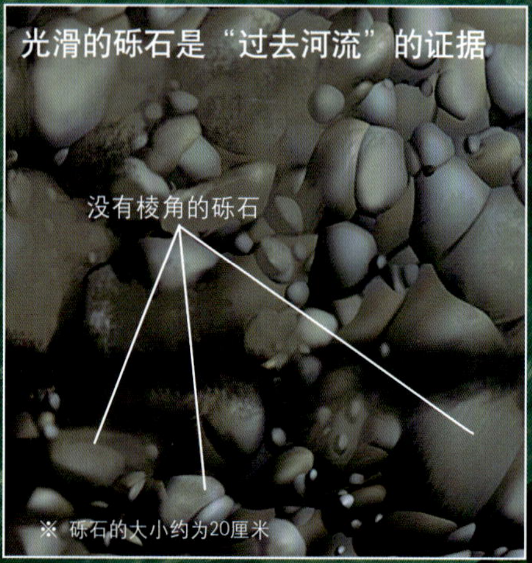

光滑的砾石是“过去河流”的证据

※ 砾石的大小约为20厘米

格陵兰岛有地球上最古老海洋的证据？

“枕状熔岩”发现于格陵兰岛南部的伊苏阿区域。这些熔岩当然不是以本来的样子被发现的，而是在地表露出了一些剖面。上列中图描绘的便是实际剖面看起来的样子。白色纹路是海洋沉积物，周围就是一块块相互独立的枕状熔岩。这些枕状熔岩外缘呈黑色，被认为是接触海水后急速冷却留下的痕迹。上列下图描绘的地层是另一个证明海洋存在的例子，在伊苏阿区域，人们发现了很多由没有棱角的砾石形成的地层。通常认为，如此光滑的砾石是流水搬运侵蚀的结果。也就是说，这里曾有过河流，由此推测这里也有过海洋。

层层累积的枕状熔岩
枕状熔岩

3

最初的生命与进化的奥秘

正如在第 1 章和第 2 章中看到的那样，不断回溯生命的历史，最终将来到所有生命的共同祖先。那么，最早的生命是在何时、何地以及如何诞生的呢？此外，仅从一种生命开始，最终分化成如此众多物种的“进化”，到底有怎样的机制呢？

生命诞生之谜

物质孕育出生命的一瞬间

具有美丽的双螺旋结构的DNA、按照设计发挥功能的蛋白质，正因为包含这两种物质，细胞才能够无差错地复制自身，留下它们的子孙。那么，“最初的生命”是在何时、又是怎样出现在地球上的呢？

关于生命，我们对它了解得越多，就越能感受到它的复杂和巧妙。地球上存在着生命，这就产生了一个问题：生命最初是怎样在只有水、岩石和大气的远古地球上诞生出来的？至今，这个问题仍然没有答案。这样一个问题，也可以说是人类难以回答的终极之谜。然而生命诞生又的确是一个事实，没有生命的诞生便不可能有我们人类自己。

目前，许多科学家正在探索这一终极疑问。对于“我们是怎样来到这里？”这个问题，现代科学将如何作答？

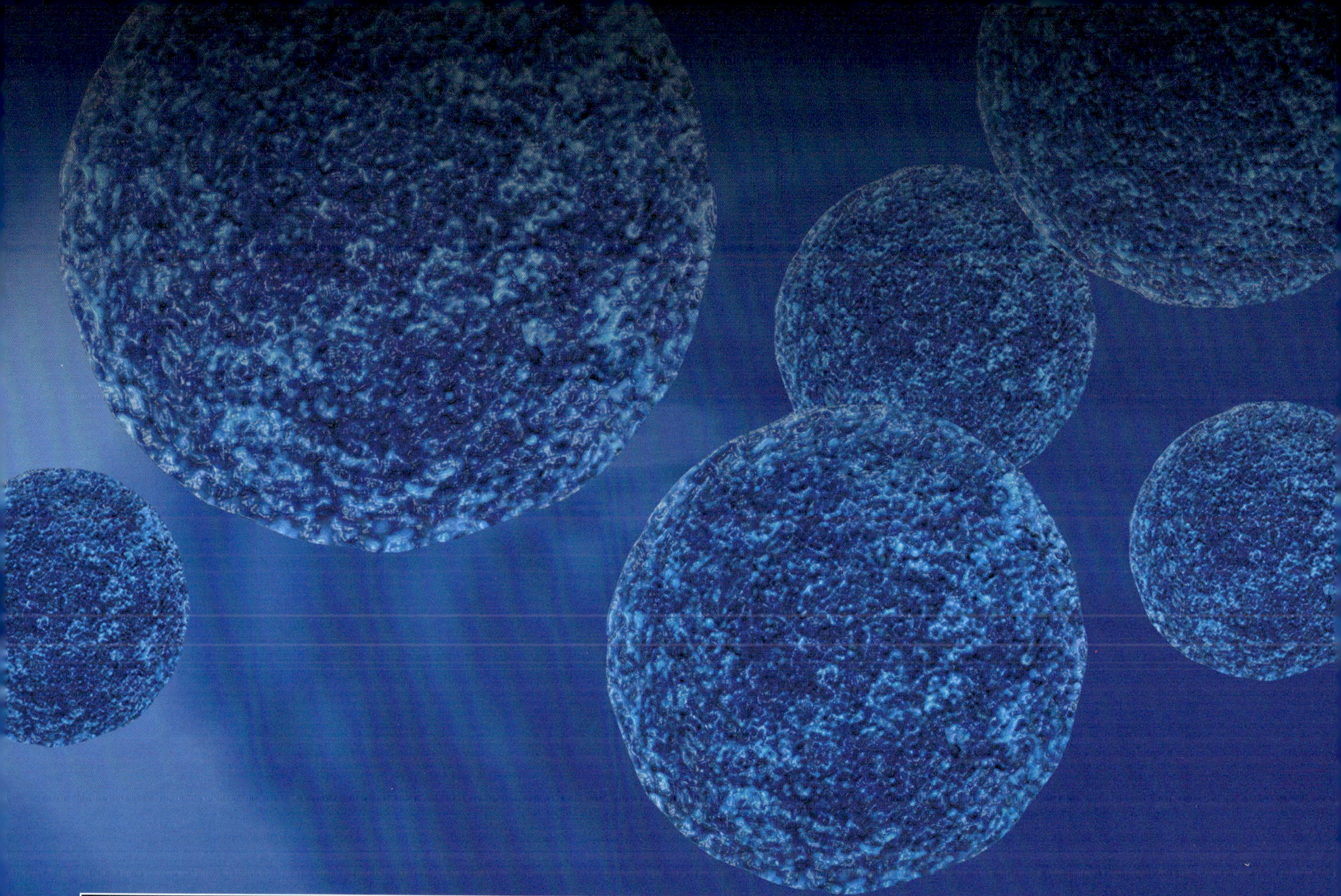

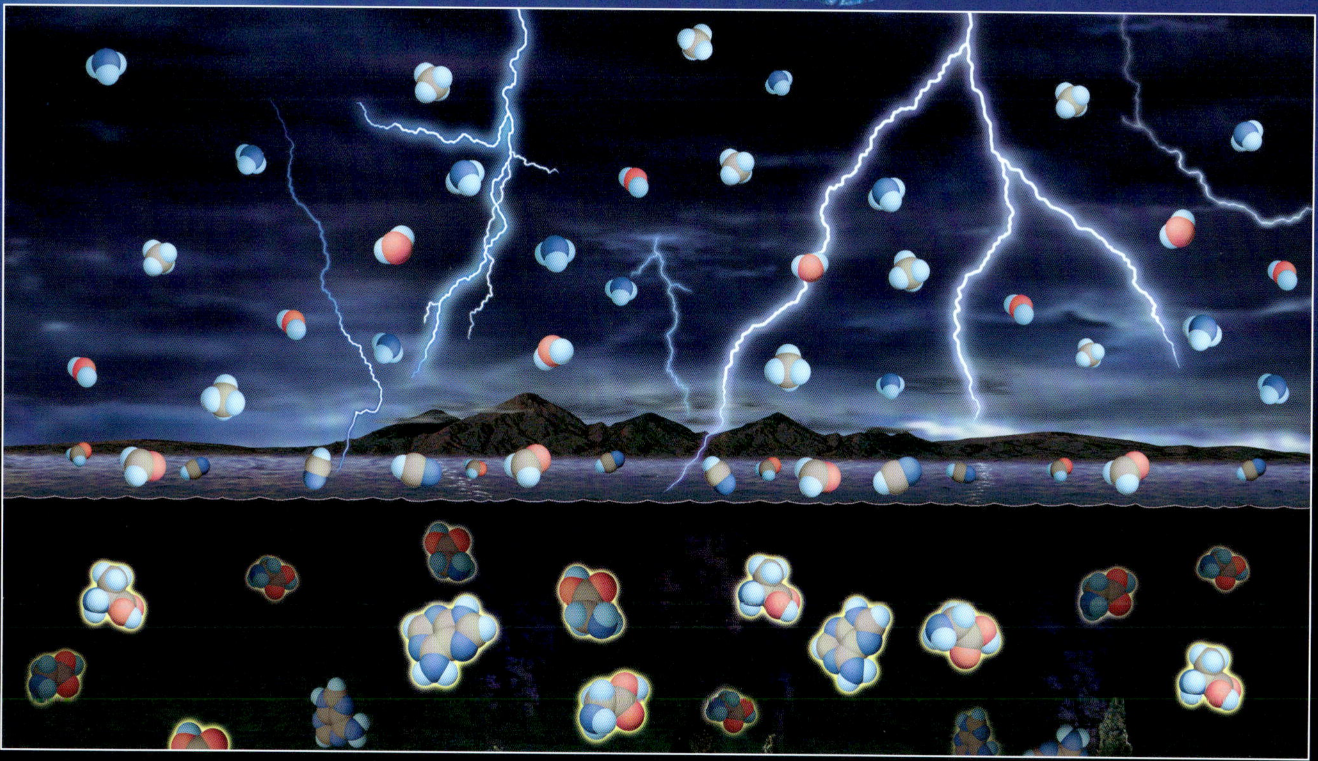

原始地球大气中的分子被赋予能量，变成作为生命材料的复杂分子。

什么是生命?

地球上出现了什么东西，我们就可以说那是“生命诞生”呢?

为了说明这个问题，我们必须首先搞清楚什么是“生命”以及什么是“非生命”，也就是说，必须要有一个关于生命的定义。日本“生命起源和进化学会”前会长、横滨国立大学的小林宪正教授对此有如下说明：

“关于生命，在研究者之间并没有一个一致认同的定义。我个人的看法，非生命和生命的区别在于，非生命会随着时间流逝而毁灭；生命虽然也会随着时间流逝而毁灭，但它能够在毁灭之前增殖，因而从外部看，没有毁灭。”

1. 什么是“自我复制”?

生命制造出同自身样子完全相同的个体以延续自己这个物种，这种功能就叫做“自我复制”。作为生物基本单元的细胞也要自我复制。此时，首先复制出记录遗传信息的DNA，然后，DNA分子均等分配给新产生的两个细胞，从而得到与亲细胞具有相同遗传信息的两个子细胞。

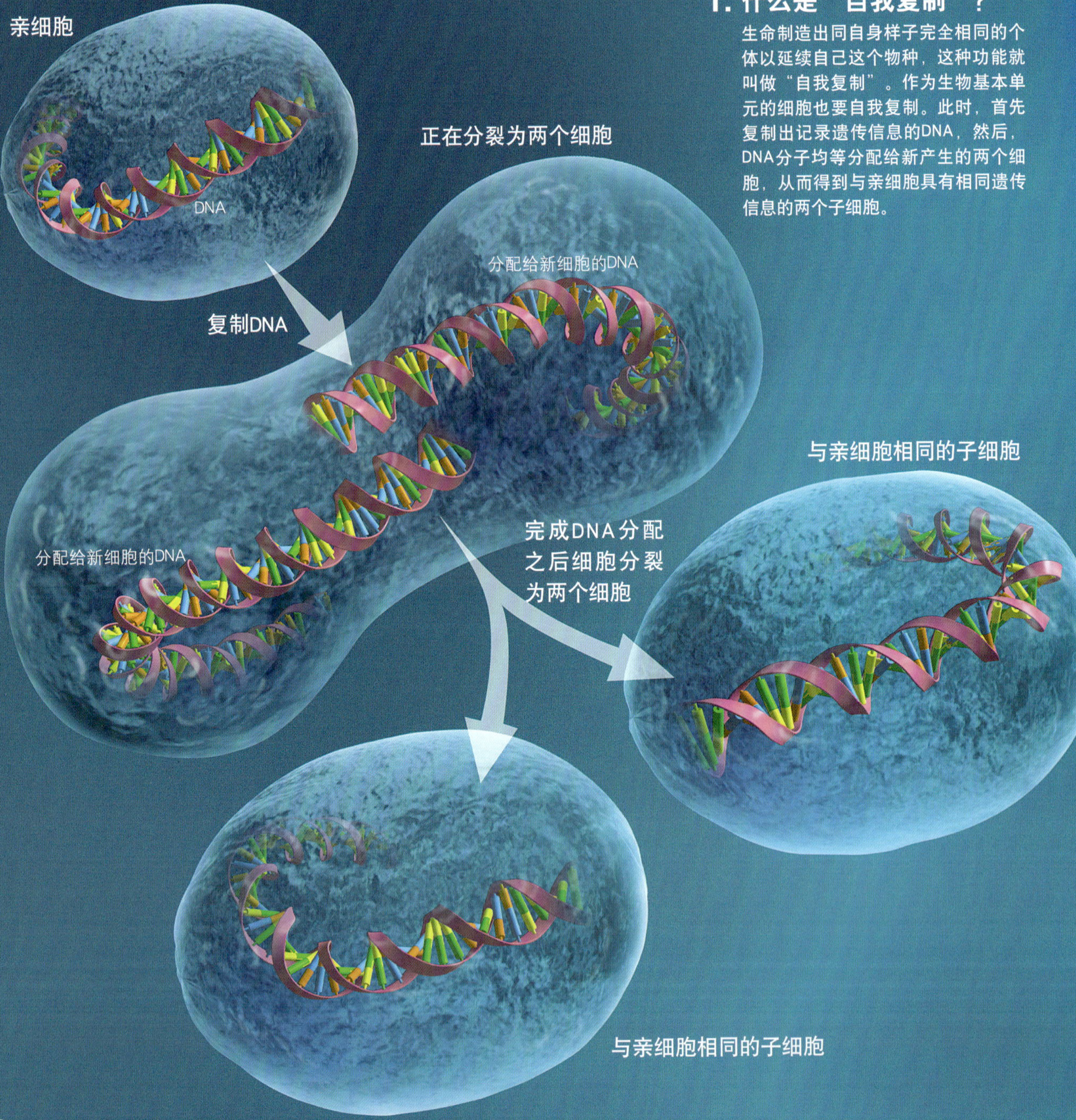

生命能够按照自己的样子制造出子子孙孙。生命的这种功能叫做“自我复制”。比如说办公室里的计算机，它能够复制文本，却不能够复制计算机自身。然而，阿米巴虫（变形虫）却具有复制自身的这种功能。

正是由亲代生成子代的这种过程维持了“物种”的繁衍。在此过程中，从亲代向子代传递了一种物质，那就是携带着遗传信息的“DNA”（脱氧核糖核酸）。

不仅如此，生命还具有维持“个体”的能力。

我们吃进食物，消化淀粉得到糖，消化蛋白质得到氨基酸。细胞吸收了糖和氨基酸，燃烧糖获得能量，利用氨基酸合成出自己所必需的蛋白质。

正是依靠这一系列过程，我们才能够维持住我们的身体不致毁坏，健康地度过每一天。这一系列过程，在生物学上叫做“代谢”。进行代谢必须要有一些能够促进化学反应（催化）的蛋白质，这些蛋白质叫做“酶”。

探索生命的起源，其实就是探索生命的这两大功能——“自我复制”以及“新陈代谢”是如何出现的。

2. 什么是代谢？

生命为了维持自身的存在，必须利用材料和能量来制造自身的零件。这个过程包括了“异化作用”和“同化作用”，统称“代谢”。代谢涉及到一系列化学反应，细胞所具有的许多蛋白质所起到的都是类似于促进这些化学反应的催化装置（酶）的作用。病毒能够复制自身而繁殖，却不能进行代谢。由于这个缘故，有不少人认为病毒不能算作生物学上的生物。

异化作用

将食物中的糖分解为二氧化碳和水，在这个过程中得到维持各种生命活动所必需的能量。这种将复杂的有机物分解为比较简单的化合物，以此来获得能量的过程，在生物学上被称为“异化作用”。

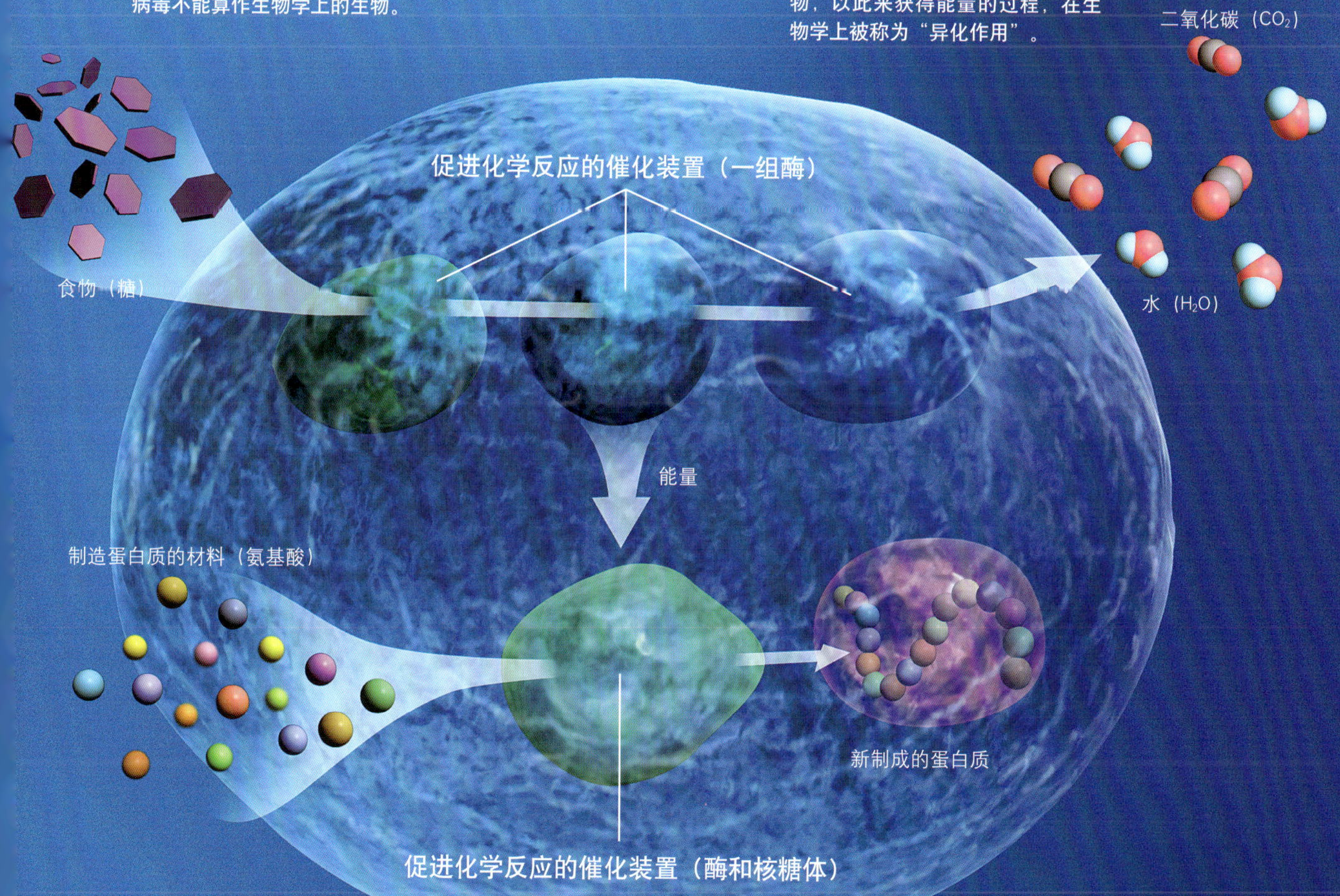

同化作用

细胞能够利用异化作用所得到的能量将从外部得到的氨基酸连接成蛋白质。这种通过消耗能量，利用比较简单的化合物来制造构成自身零件的过程，在生物学上被称为“同化作用”。

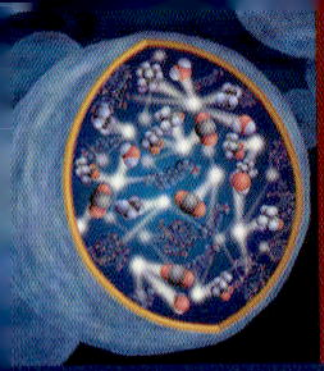

构成生命的复杂分子

复杂而巧妙的细胞真的是自然产生出来的吗？

在无人的海边捡到一块手表的话，捡到这块手表的人会想，“大概是谁掉在这里的吧，要不然，就是被海水从别处冲到这里来的。”一般来说，他不会认为这块手表是自然产生出来的。手表上有长短针，有许多齿轮，有印着文字的表盘，还有表带……这一个个零件无缘无故地被制造出来，又偶然凑在一起并如此巧妙地搭配而组合成一块手表，很难想象这会是自然发生的一种现象。

那么，对于地球上的生命，又该如何解释呢？

包括我们人体在内，一切生命体都是由“细胞”构成的，而细胞又是由许多结构十分复杂的立体零件组合

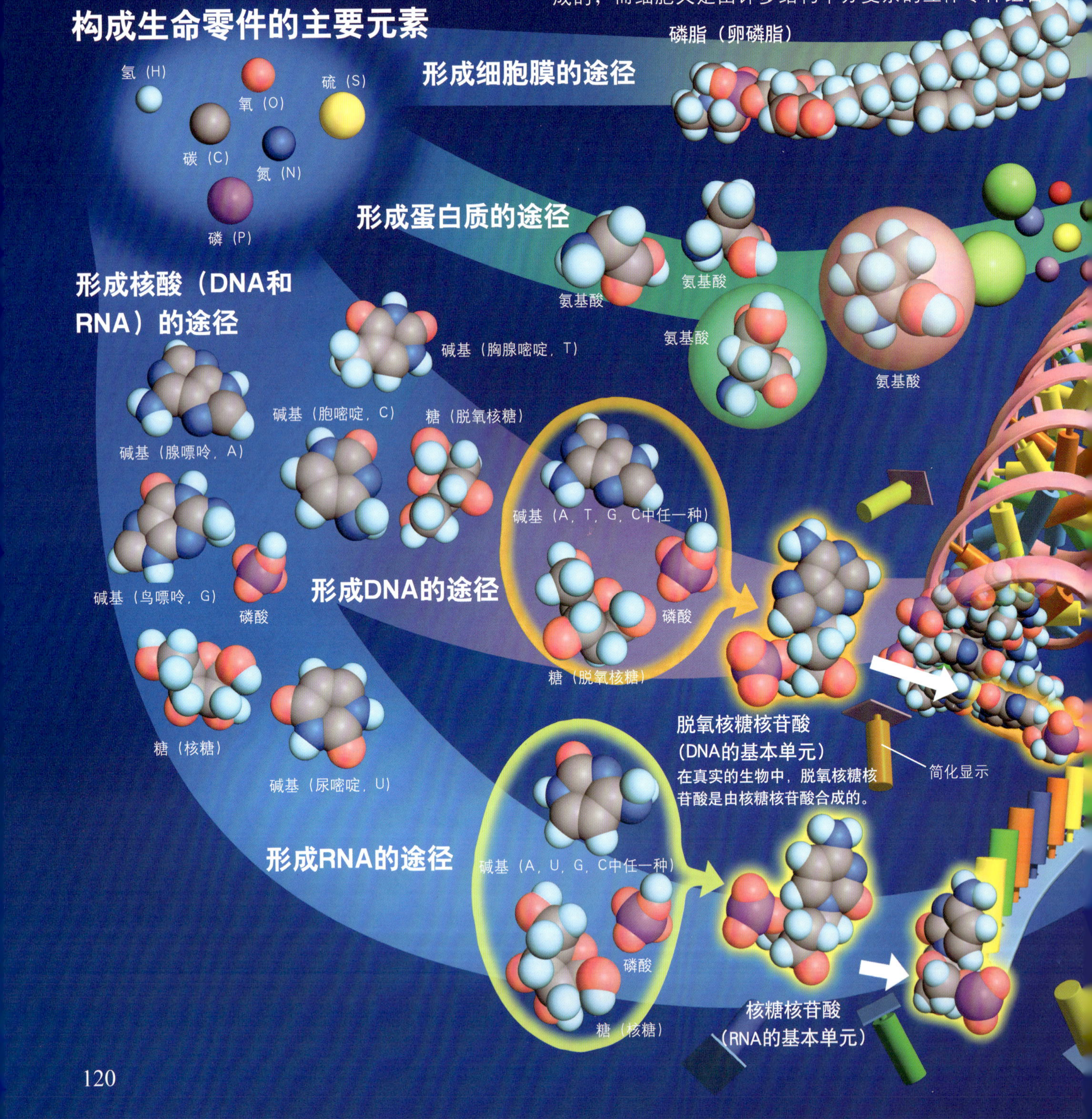

而成。这其中的关键，是漂亮的具有双螺旋结构的DNA和如同精密机械一般的蛋白质。这样一些零件真的能够自然产生，并巧妙地配合起来组成细胞吗？

随着对细胞的复杂结构知道得越来越多，的确有人想到，“这也许是谁掉落在地球上的，或者是从别处带到这里来的。”

事实上，发现DNA双螺旋结构的两位科学家中的弗朗西斯·克里克博士（Francis Crick，1916～2004）就持有这种看法。他认为，自然界合成DNA和蛋白质的概率太低，因此，“生命很可能是在地球之外的宇宙其他地方产生出来，后来才来到地球上。”

这种观点被称为“泛种论”（又叫“宇宙胚种论”）。这是在20世纪初由一位瑞典化学家斯凡特·阿伦尼乌斯（Svante Arrhenius，1859～1927）正式提出来的一种假说。不过，这种假说受到了许多科学家的批评，他们指出，这“其实是把生命起源问题搁置起来了”。

大多数科学家都不同意泛种论，而认为“生命是在地球上的某个地方通过一系列化学反应的积累产生出来的。”

按照这条思路，科学家们所做的事情就是要推断出生命是何时、何地、通过何种化学反应诞生出来的。

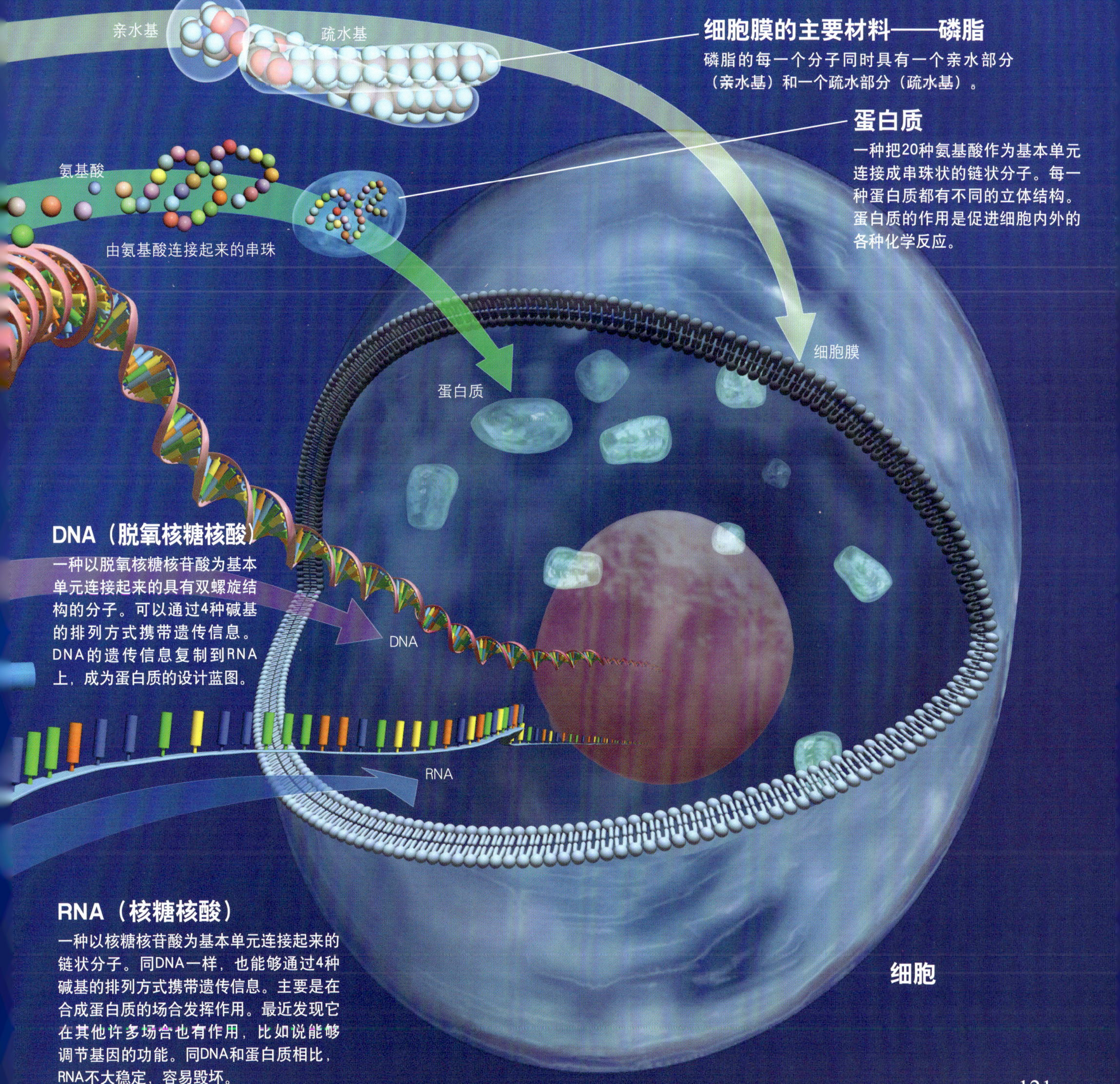

细胞膜的主要材料——磷脂

磷脂的每一个分子同时具有一个亲水部分（亲水基）和一个疏水部分（疏水基）。

蛋白质

一种把20种氨基酸作为基本单元连接成串珠状的链状分子。每一种蛋白质都有不同的立体结构。蛋白质的作用是促进细胞内外的各种化学反应。

DNA（脱氧核糖核酸）

一种以脱氧核糖核苷酸为基本单元连接起来的具有双螺旋结构的分子。可以通过4种碱基的排列方式携带遗传信息。DNA的遗传信息复制到RNA上，成为蛋白质的设计蓝图。

RNA（核糖核酸）

一种以核糖核苷酸为基本单元连接起来的链状分子。同DNA一样，也能够通过4种碱基的排列方式携带遗传信息。主要是在合成蛋白质的场合发挥作用。最近发现它在其他许多场合也有作用，比如说能够调节基因的功能。同DNA和蛋白质相比，RNA不大稳定，容易毁坏。

生命诞生于何时？

推测生命诞生的时间

生命的诞生发生在距今多少年之前？

要搞清楚生命诞生的确切时间，几乎不可能，但是我们可以估计出大致的时间。太阳诞生于大约46亿年前。差不多同时，通过无数星子之间的相互碰撞和融合，诞生出了我们的地球。那以后，地球仍然继续受到星子和陨石的轰击，表面覆盖着一层炽热动荡的岩浆。

随着时间的流逝，轰击地球的陨石越来越少，当外来轰击基本上停止下来时，已经到了距今大约40亿年前。

小林教授说：“即使生命在比40亿年前更早的时候就已经诞生，在有大量陨石轰击的严酷环境下，它们也不可能生存下来。”

随着陨石轰击的停止，地球表层逐渐冷却，形成了地壳。科学家在格陵兰岛大约38亿年前的地层中发现了一种显然是岩浆受到海水突然冷却凝固形成的熔岩。这些熔岩表明，地球在当时已经有了大面积的海洋（参见第112～113页）。

1999年，丹麦地质博物馆的米尼克·罗辛（Minik Rosing）博士报告，他发现了一种最古老的生命的痕迹。

罗辛博士在格陵兰岛大约38亿年前的地层中发现了一些黑色斑块，他很快查明，那些黑色斑块原来是一些碳块。我们知道，宇宙中存在的碳是由两种稳定同位素组成的，一种是轻碳（^{12}C），另一种是重碳（^{13}C）。我们还知道，生物在摄取二氧化碳等物质时，摄取轻碳的速度要大于摄取重碳的速度。

罗辛博士对残留在38亿年前地层中的这种碳块进行仔细分析，结果发现，其中的轻碳具有较高的浓度。罗辛认为，这种碳块中轻碳的浓度较高，应该是在38亿年前存在的某种生物活动的结果。

小林教授说：“归纳研究者现在的看法，可以认为，生命的诞生是在大约40亿年前至大约38亿年前那段时间在地球上的某个地方发生的事情。”

38亿年前的地球

在现在地球的地层中，没有发现比40亿年前更古老的地质结构。但是属于40亿～25亿年前被称为“元古宙”时代的地层，在世界许多地方都可以见到（左图）。这其中就有在格陵兰岛发现的大约38亿年前的地层。在这种地层中残留有一种被称为“枕状熔岩”的岩石，那只能是火山喷出的岩浆被海水突然冷却形成的。由此可以推断，在那一时期，如上面图解所示，地球上已经有了广阔的海洋。在格陵兰残留的38亿年前的地层中还发现了据认为是最古老的生命的痕迹。

40亿年前的地球

地球的卫星月球，按照比较可信的说法，是在大约45亿年前形成的。分析月球上的陨石坑得出的结论是，月球自形成以后直到40亿年前那段时间，曾持续受到过陨石的激烈碰撞，而那以后，就不再受到陨石雨的轰击了。在地球上虽然没有找到比40亿年前更古老的地层，但是可以断定，在那以前，地球应该同月球一样也曾一度受到过陨石雨的激烈轰击。由此推断，当时地球的表面应该如右图所示，全都覆盖着炽热的熔融岩浆。

大约40亿年前的地球

大约38亿年前的地球

米勒实验

由大气中的分子自然合成出氨基酸和碱基

早在1924年，俄国的生物化学家亚历山大·奥巴林（Alexander Oparin，1894～1980）曾提出过一种比较系统的生命诞生假说。他认为，生命的诞生经过了如下3个阶段。

第一阶段，大气中的甲烷和氨发生反应，生成氨基酸和碱基等分子。

在随后的第二阶段，生成蛋白质和核酸。这些物质溶解在海水中，形成奥巴林所说的“原始汤”。

在第三阶段，生成包裹着蛋白质和核酸的原始细胞。那以后才开始有了复杂的化学反应（代谢）。这些细胞就是最初的生命。奥巴林的这种假说被称为“化学进化说”。

然而，奥巴林的假说并没有立即为人们所接受。当时，科学界的普遍看法认为氨基酸等化合物属于一类极其特殊的物质，它们只能够由生物体制造出来。

这种状况直到美国加利福尼亚大学的教授斯坦利·米勒（Stanley Miller）博士做了一项著名的实验才有了变化。

米勒博士在1953年所做的实验，是将甲烷、氨和水蒸气充满烧瓶，并让水蒸气循环通过其中，然后在其中反复放电。他的想法是，在烧瓶中再现原始地球的大气，用放电来模拟原始大气中的雷电。

几天过后，在烧瓶的底部积淀出了氨基酸和碱基等物质。米勒的实验证明，的确如奥巴林所说，可以由简单的化合物进化出复杂的化合物。

斯坦利·米勒
(1930～2007)

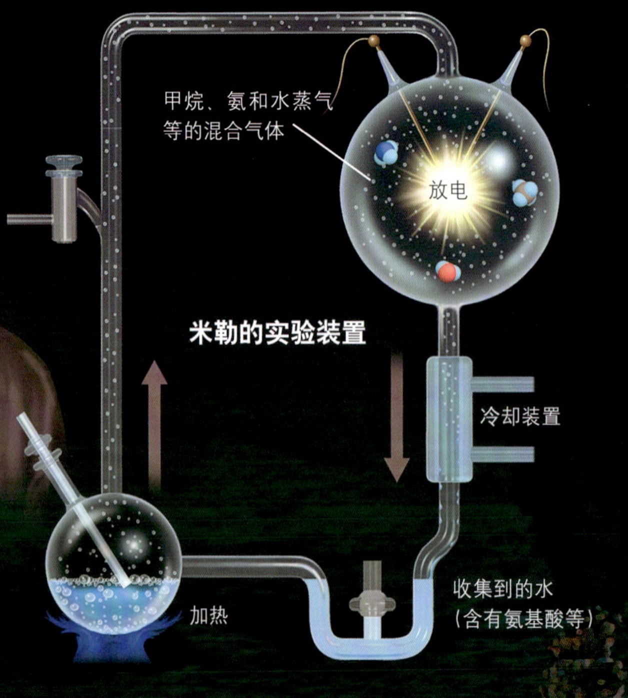

米勒的实验装置

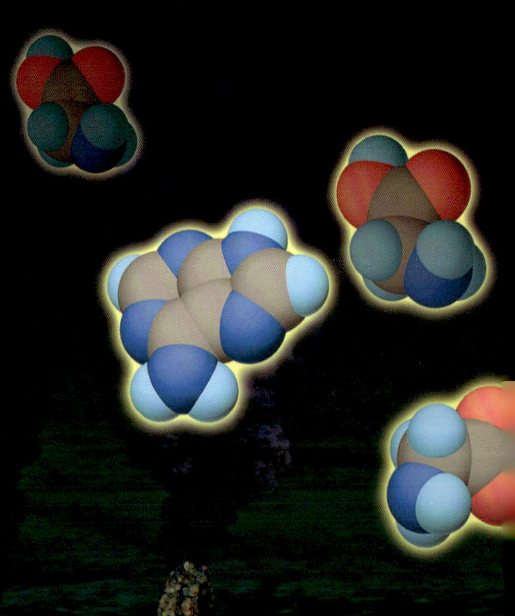

再现有机物自然合成的“米勒实验”

1953年，当时还是芝加哥大学研究生的米勒在烧瓶中充满以甲烷和氨为主要成分的混合气体，然后循环通入水蒸气。按照他的实验设计，烧瓶内的混合气体模拟的是原始地球的大气。他再用放电模拟原始地球大气中的雷电，结果在烧瓶中产生出了各种各样的有机物。这些有机物中有属于生命材料的甘氨酸和丙氨酸等氨基酸（构成蛋白质的材料），也有碱基（构成DNA或RNA的材料）。这里的图解依据米勒的设想，绘出了原始地球大气在雷电能量的作用下合成出氨基酸和碱基的情形。在此图上可以看到，在合成氨基酸和碱基的过程中曾经生成过中间产物氰化氢和甲醛。

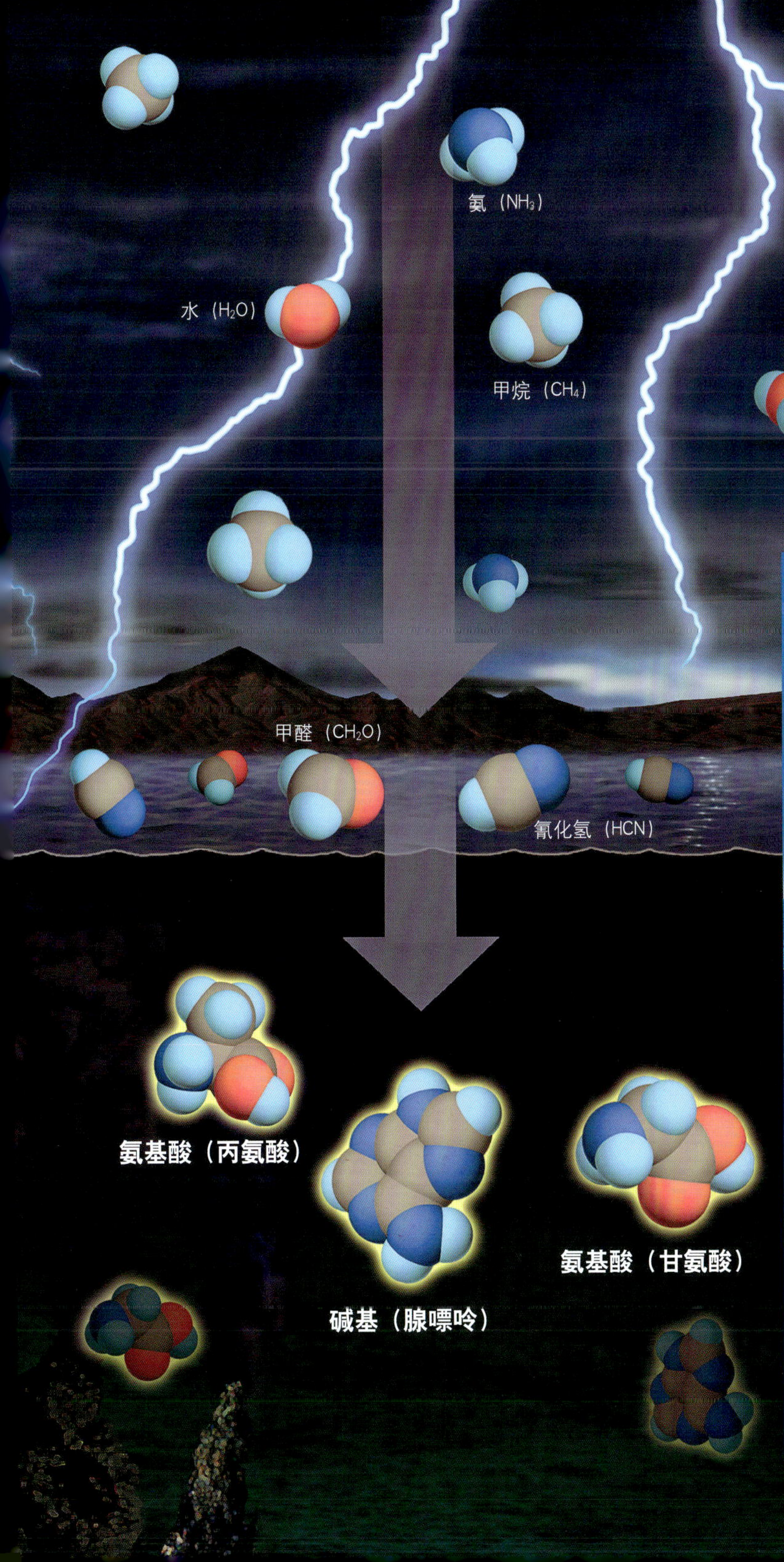

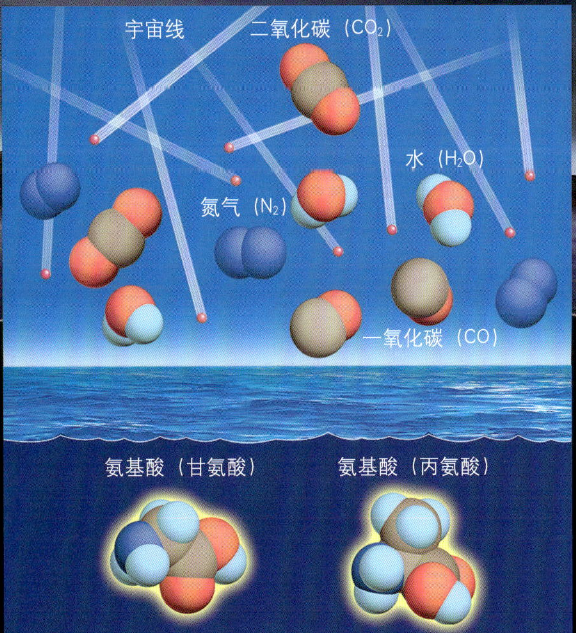

导致生命诞生的能量难道不是来自雷电而是来自宇宙线?

现在的看法，认为原始地球大气的主要成分并不是甲烷和氨之类比较容易发生反应的分子，而是氮气和一氧化碳这类不大容易发生反应的分子。小林教授领导的小组没有用放电来模拟雷电，而是用质子束模拟宇宙线（来自宇宙的高能粒子）照射这种混合气体，结果也得到了若干种氨基酸等有机物分子。原始地球形成生命材料所必需的能量很可能不是来自雷电，而是来自宇宙线。

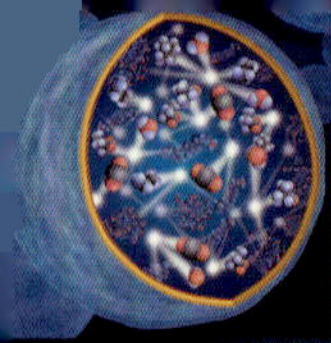

生命的家园是宇宙？

氨基酸等有机物也来自宇宙空间

有许多迹象表明，作为构成生命材料的氨基酸和碱基很可能不单是通过原始地球大气自然合成这一种途经形成的。

1969年9月28日，在澳大利亚东南部的一个名叫默奇森的小镇附近，从天空突然降落下大量的陨石。美国亚利桑那州立大学的约翰·克罗宁（John Cronin）博士仔细研究了那些陨石的碎片，结果在其中发现了氨基酸。经过认真检查，排除了陨石受到地球上氨基酸污染的可能性。

这样一个事件，使得研究生命起源的研究者对于构成生命的材料是随着陨石来到地球上的可能性有了更多的关注。

在1986年，用太空探测器直接探测来到地球附近的哈雷彗星的组成，也发现其中存在着复杂的有机物。不久，天文观测又发现，宇宙空间中，甚至在正在诞生出像太阳一样的恒星的区域，以及在被称为“暗星云”的区域，也都存在着有机物。事实上，在宇宙空间，到处都有各种各样的有机物质。

小林教授说：“作为构成生命的材料，应该说，有在地球上产生的，也有直接来自宇宙空间的。”

此后，又有人陆续发表了不少在陨石中发现氨基酸等有机物的报告。

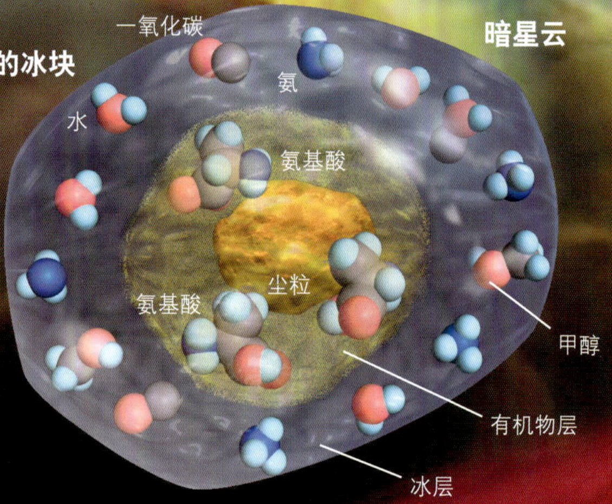

在冰块中生成的有机物

暗星云内的温度非常低，其中的水、一氧化碳和氨等成分只能够以固体的形式存在，并把暗星云含有的尘粒包裹在内。这些冰块受到宇宙线和紫外线的照射，获得能量，很有可能会产生出包括氨基酸在内的有机物。小林教授所领导的一个小组用实验证实了这种推测。

陨石和彗星把有机物带到地球上

在1969年坠落到地面的默奇森陨石上检测到了氨基酸、碱基、羧酸等有机物。后来在1986年用太空探测器对哈雷彗星的探测中，除了探测到氰化氢之外，还探测到了被称为“芳香族”的一批复杂的有机物。2006年，美国航天局（NASA）发射的“星尘号”探测器带回了“怀尔德2号”彗星的样品，在这种样品中也检测到了包括芳香族在内的多种有机物。在地球上诞生出生命以前，曾一度有大量陨石和彗星撞击地球，有可能给地球带来丰富的有机物。

在宇宙中也能产生有机物

太阳系是从聚集了浓密尘埃的被称为暗星云的场所诞生出来的。在那些尘埃中就可能存在着包含氨基酸等有机物的物质。集中在太阳周围的圆盘（原行星盘）中、含有这些有机物的尘埃凝聚成彗星和陨石等天体，它们很有可能坠落到原始地球上。

原始太阳系的原行星盘

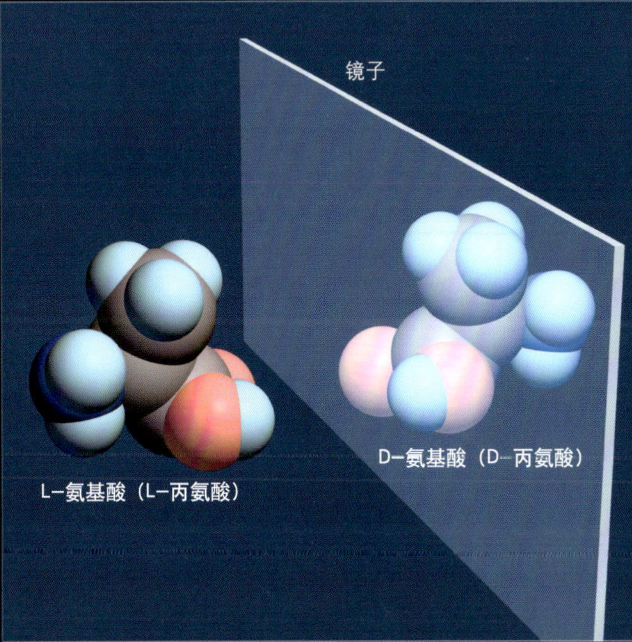

为什么只形成左手型的氨基酸？

我们的左手在镜子里看起来像是右手。与此类似，同一种氨基酸也可以分出左手型（L型）和右手型（D型）两种不同类型。两种类型的氨基酸分子结构之间的区别，就像是实物与镜像的关系。两者的化学性质基本相同，在米勒实验中两种类型氨基酸的产量也相等。

然而奇怪的是，对地球上的生物而言，构成它们的蛋白质全都是只由左手型的氨基酸组成的，几乎没有例外。最初的生命为什么会只选择左手型的氨基酸呢？

这个问题就是所谓的“氨基酸的同手性”，是生命起源研究中的一个难解之谜。认真研究过这个问题的日本京都大学原子炉实验所的藤井纪子教授对此有如下的说明：

“有一种观点认为，右手型氨基酸受到中子星的光照射，早已经被破坏掉了。不过这种观点并没有得到确实证明。因此，最初的生命为什么不选择右手型氨基酸而选择左手型氨基酸，仍然是一个谜。这也许是纯属偶然。若再一次诞生生命，未必就不会选择右手型氨基酸。”

顺便提到，默奇森陨石中除了含有现有生物所使用的20种氨基酸，还含有其他种类的氨基酸。而在这些其他种类的氨基酸中，也是左手型占有较高的比例。

最初的生命在哪里出现？

在海洋的350℃热水中诞生

现在研究生命起源的科学家基本上都同意最初的生命是在海洋里诞生的。溶解有各种各样化学物质的水，是进行化学反应的理想场所。没有水，就不可能有通过化学反应而实现的生命现象。细胞的成分与海水成分十分相近，因此也可以说海洋是“生命之母”。那么，生命是在海洋里的什么地点诞生的呢？

最有可能诞生生命的地点是海底“热液喷口”。所谓海底热液喷口，顾名思义，就是指那些从海底喷出被岩浆加热的热水的场所。

在热液喷口附近存在着许多有利于生命诞生的因素。首先，热水本身就是一种能源。而且，从热液喷口喷出的热水中包含有丰富的甲烷和氨等物质。小林教授等人所进行的再现这种热水环境的实验，也证实了可以由甲烷和氨生成氨基酸等有机物。此外，在热液喷口附近，铁和锰等金属离子十分丰富，它们都是促进化学反应的催化剂，能够促成生命的诞生。

现在已经查明，从水深超过2200米的热液喷口喷出的热水，温度可达350℃。

在这么深的海底，水压很大，水的沸点很高。因此，在深海底可以有超过100℃的热水。

日本海洋研究开发机构（JAMSTEC）的出口茂组长曾经研究过从热液喷口喷出的“超临界水”的作用。他研究的超临界水，处于温度为374℃、压力为218个大气压的高温高压条件，与通常的水不同，状态既像液体又像气体，其性质类似于油。

出口茂组长说：“把氨基酸连接起来形成蛋白质的化学反应是一种从氨基酸夺走水的反应，这样的脱水反应在普通水中是不会发生的。但是实验表明，这种反应有可能在超临界水中发生。在远古时代的热液喷口附近，超临界水的环境大概起到了促成生命诞生的作用。”

“热液喷口”难道是生命诞生的场所？

被地下岩浆加热的海水向上喷涌，那些烟囱一样的喷口，就是所谓的“热液喷口”。这种热液喷口于1977年被美国深潜器“阿尔文号”在加拉帕戈斯群岛附近海底首次发现，此后在世界各地海底又均有发现。喷出的热水中混杂有硫化铁等各种矿物质，看起来如同黑烟一般，因而这种热液喷口有时也被称为“黑烟囱”。热液喷口附近既有能量又有丰富的甲烷和氨等分子，被认为是最有可能诞生出生命的场所。有的研究者认为，如右侧图解所示，氨基酸在热水（超临界水）的作用下有可能发生聚合反应。

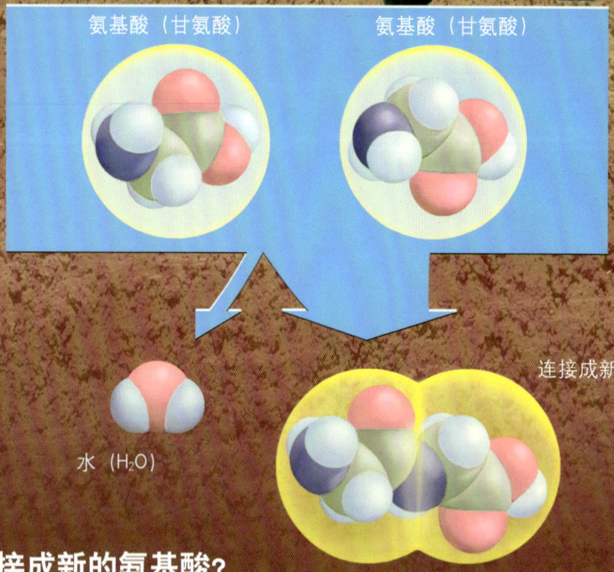

连接成新的氨基酸？

蛋白质是一种由许多氨基酸像串珠一样连接起来的链状分子。上侧图解展示了两个氨基酸（图中是甘氨酸）相互连接起来形成氨基酸聚合体的聚合反应过程。在反应中，从其中一个氨基酸上夺下一个氢原子（H），从另一个氨基酸上同时夺下一个氧原子和一个氢原子（OH），两者结合为水分子（H_2O）被释放出来。因此，这种反应叫做“脱水缩合反应”。如同浸入水中的衣物不可能保持干燥一样，在水中通常是不可能发生脱水缩合反应的。但是，在存在着催化剂的场合以及超临界水一类特殊条件下，却有可能发生脱水缩合反应。

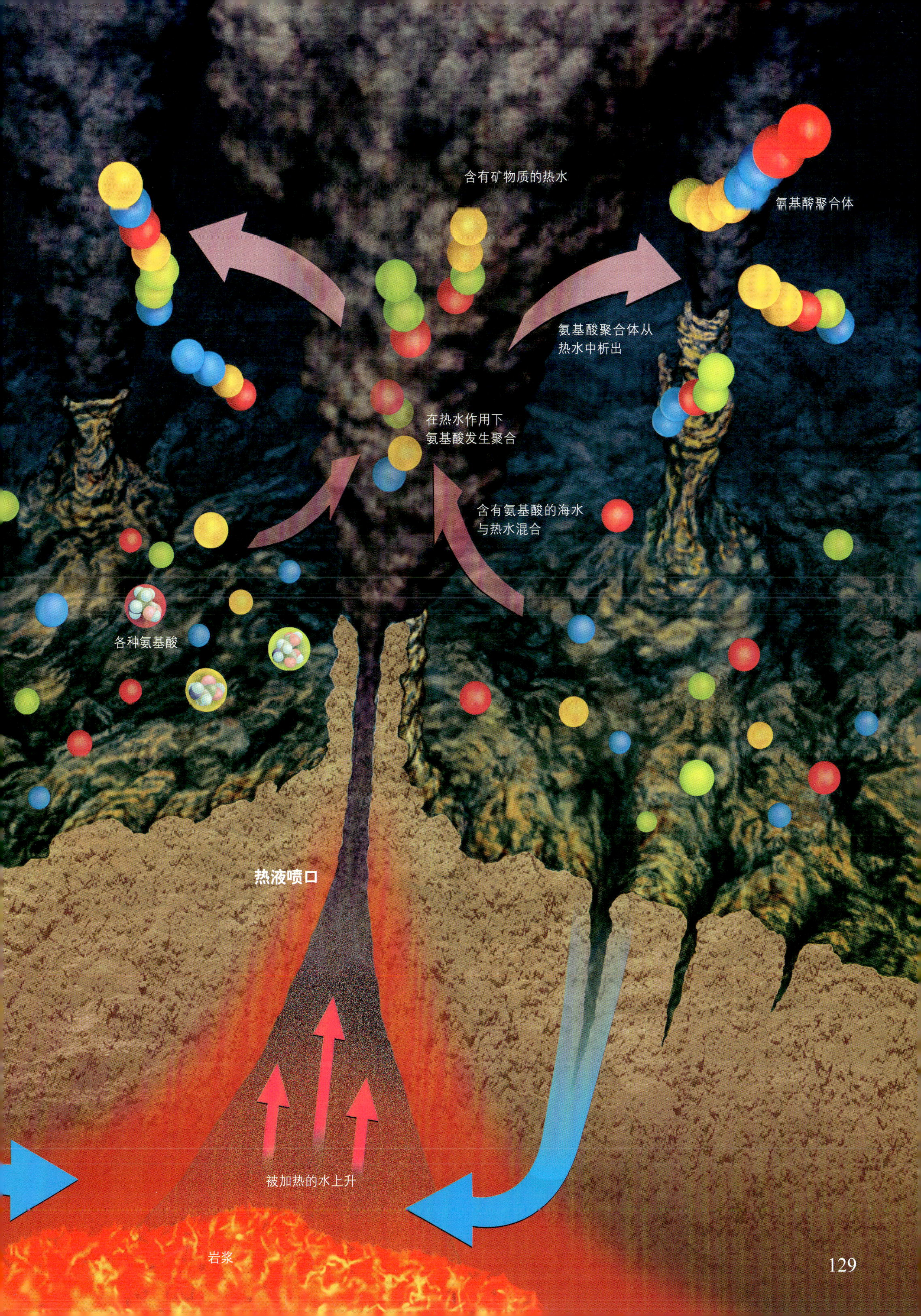
含有矿物质的热水
氨基酸聚合体
氨基酸聚合体从热水中析出
在热水作用下氨基酸发生聚合
含有氨基酸的海水与热水混合
各种氨基酸
热液喷口
被加热的水上升
岩浆

“膜囊”的出现——生命诞生的关键

有了丰富的DNA和蛋白质，是否就自然诞生出生命来呢？

小林教授说：“生命现象需要有非常活跃的化学反应。但是，不论有多少可以构成生命材料的分子，它们若散布在大量的水中，密度十分稀薄，分子之间相遇的概率极低，也不可能出现活跃的化学反应。这就意味着，构成生命材料的分子只有被浓缩到具有比较高的浓度，才可能诞生出生命。”

奥巴林认为，必须要有一种能够把生物体与外界隔离开来的“膜囊”，才有可能形成生命。

这种膜囊能够把构成生命的材料封闭在内部，使它们无法扩散，始终保持较高的浓度。在这种情况下，分子之间相遇的机会增大，化学反应才有可能比较活跃。据认为，显示生命现象的原始细胞就是这样形成的。

最初的细胞膜是由什么分子形成的呢？我们知道，现在的细胞膜是由“磷脂”分子组成的。这种磷脂分子特点是，每一个分子都包括两个部分，即一个亲水性部分（亲水基）和一个疏水性部分（疏水基）。大量的磷脂分子排列起来，形成一种疏水基保持在内侧的夹层结构，这就是现在生物体所具有的细胞膜。

那么，原始细胞的细胞膜是否也具有这种磷脂膜的结构呢？对此，小林教授是这样解释的：

“如果没有催化剂，磷脂这种有机物是很难在自然状态下形成的。因此，在自然状态下出现具有磷脂膜结构的细胞膜的可能性不大。”

关于最初形成的是什么样的细胞膜，现在有好些不同的观点。有的研究者认为，最初的细胞膜就是磷脂膜；也有的研究者认为，最初的细胞膜是蛋白质膜。

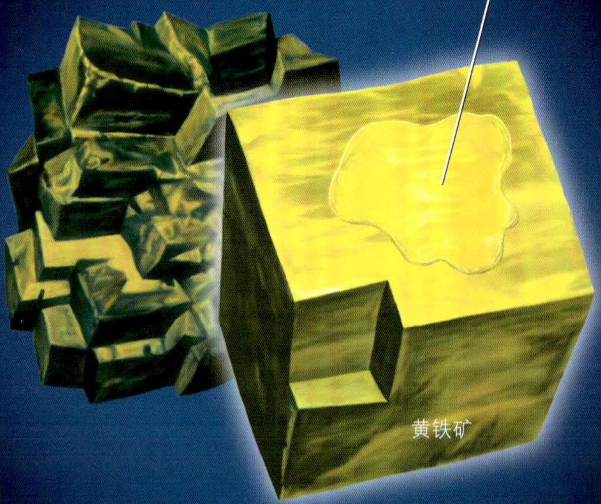

没有膜，在矿物表面也能诞生生命？

德国的冈特·瓦赫特绍泽（Günter Wächtershäuser）博士提出一种观点，认为对于生命诞生十分重要的那些化合物有可能在黄铁矿的表面得到浓缩。黄铁矿是铁的硫化物（FeS或FeS_2）晶体，自然存在于海底等地方。黄铁矿的表面能够吸附各种各样的分子，促进生成有机物的那些化学反应。瓦赫特绍泽博士指出，他提出的这种分子在黄铁矿表面浓缩的假说，无需细胞膜也能够解释生命的诞生。

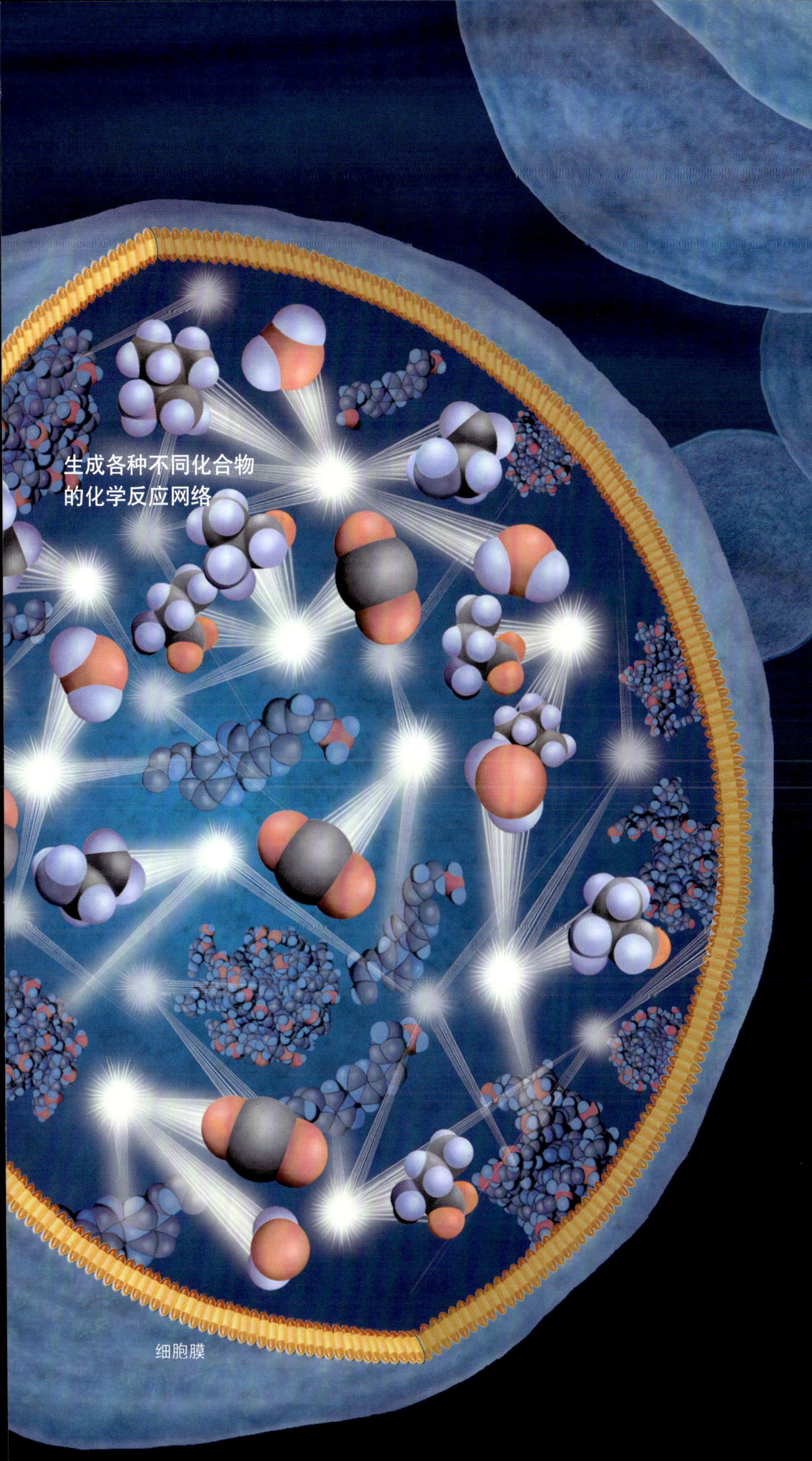

两种细胞膜

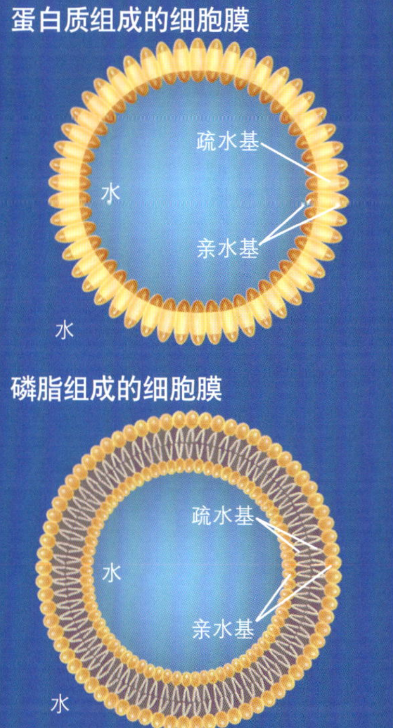

此图是细胞膜的示意图。上图为蛋白质组成的细胞膜，下图为磷脂组成的细胞膜，在两种场合都是各个分子只以亲水部分（亲水基）与水结合，一起排列成膜状。现在生物的细胞膜主要由磷脂组成，其中还包含有各种各样的蛋白质。

“最初的细胞”内部有什么？

上面图解绘出的是在原始海洋中最初诞生出来的细胞的想象图。在以某种分子为材料所构成的细胞膜内部封闭着大小不同的各种化合物分子，它们都是通过各种不同的化学反应产生出来的。这些化学反应所组成的网络，可以说就是生命的开始。按照奥巴林提出的生命起源假说，在实验中利用磷脂和蛋白质等材料生成的这种被称为“团聚体”的微球体，就是细胞的雏形。此后，其他研究者也提出过好些关于构成细胞原型的细胞膜的结构方案。

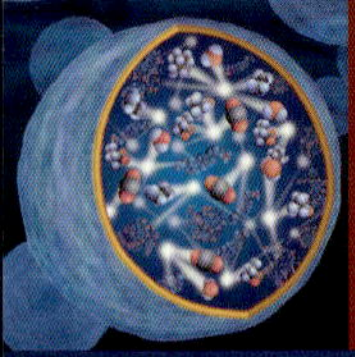

先有DNA还是先有蛋白质？

生命诞生的过程中，究竟什么分子起的作用最大？要回答这个问题，关键是要搞清楚生命是如何实现它的两大功能的，即生命如何进行“自我复制”和如何进行“代谢”。

1953年，出现了生命科学史上的一项伟大发现。那一年，詹姆斯·沃森（James Watson，1928~）博士和克里克博士一起发现了“DNA的双螺旋结构”。由于这项发现，科学家不仅知道了DNA的复制机制，也知道了细胞是如何进行自我复制的。

原来，DNA正是生命进行自我复制的设计蓝图。

然而，仅有DNA仍然无法形成“最初的生命”。这是因为，DNA不具备促进化学反应的功能，也就是说，它不具备生命的另一个重要功能——“代谢”。

能够促进化学反应的那种催化装置，不是DNA，而是蛋白质。不过，许多科学家都认为，细胞中若只有蛋白质，也形成不了最初的生命。这是因为，蛋白质没有携带遗传信息，因此无法自我复制。由此可见，无论DNA还是蛋白质，都是生命不可缺少的分子。

但是，无论DNA还是蛋白质，又都是不可能各自单独出现的分子。制造蛋白质必须要有作为蓝图的DNA，而DNA的复制又少不了蛋白质。DNA和蛋白质简直就像是“鸡和蛋”之间的那种关系，既不是先有鸡，也不是先有蛋，事实上，这两种分子没有哪一种能够单独在地球上出现。在探索生命起源的研究中，这是长期以来一直困扰着研究者的一个问题。

DNA和蛋白质之间就像是“鸡和蛋之间的关系”（1~4）

DNA是携带遗传信息的分子（1）。DNA所携带的遗传信息记录着如何制造蛋白质的设计蓝图（2）。蛋白质是具有复杂的立体结构的分子。正是由于具有复杂的立体结构，它才能起到促进各种各样化学反应的催化装置的作用（3）。有了蛋白质，才会有DNA的复制（4）。因此，DNA和蛋白质不可能没有对方而单独存在，各自也绝不可能在原始地球上自然地单独出现。

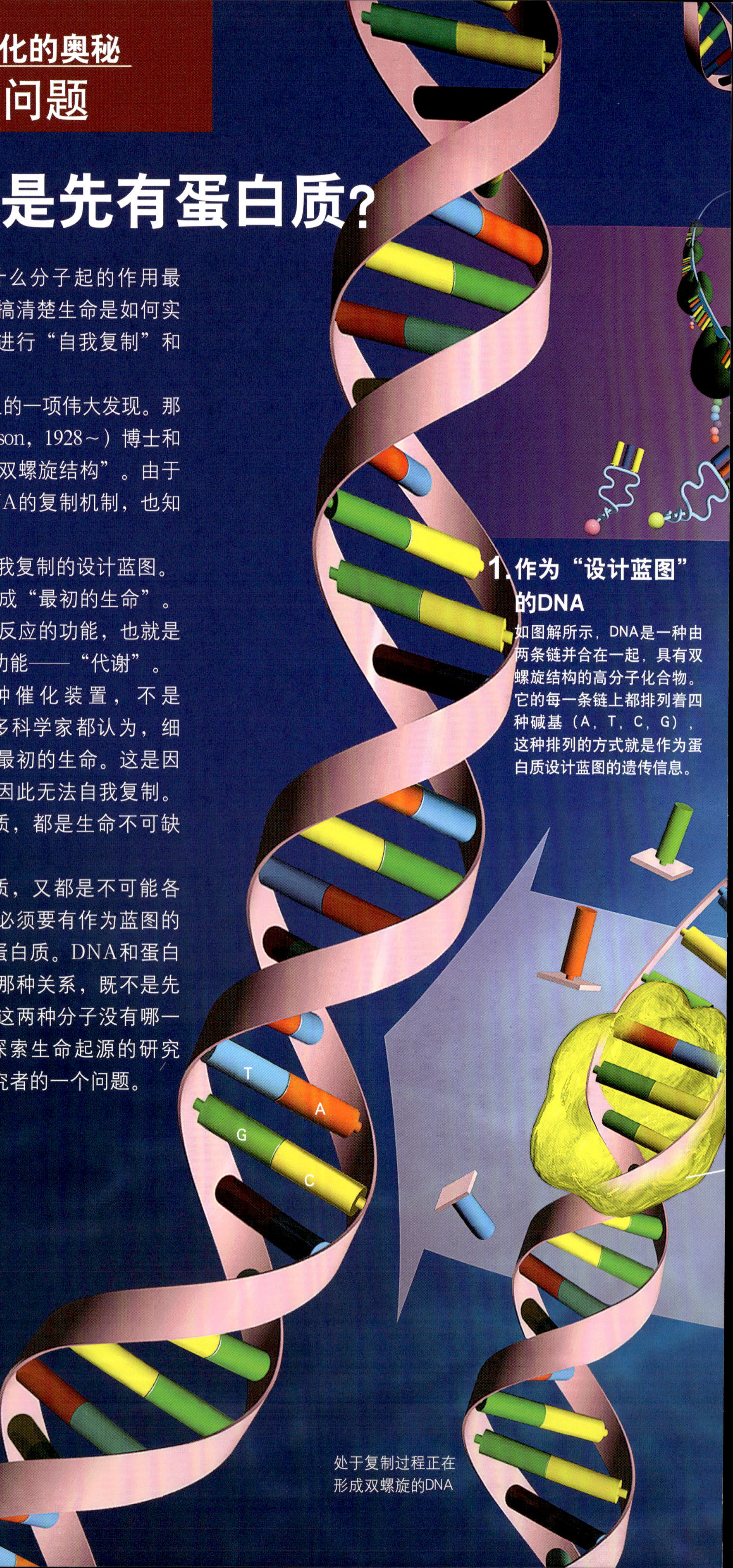

1. 作为“设计蓝图”的DNA

如图解所示，DNA是一种由两条链并合在一起，具有双螺旋结构的高分子化合物。它的每一条链上都排列着四种碱基（A，T，C，G），这种排列的方式就是作为蛋白质设计蓝图的遗传信息。

处于复制过程正在形成双螺旋的DNA

2. 合成蛋白质少不了DNA

DNA的双螺旋拆解开来，以此为模板合成与DNA碱基序列互补的RNA，从而将遗传信息传递到RNA分子上。核糖体作为一种合成蛋白质的装置读取这种遗传信息，并根据这种信息将氨基酸连接起来合成出蛋白质。

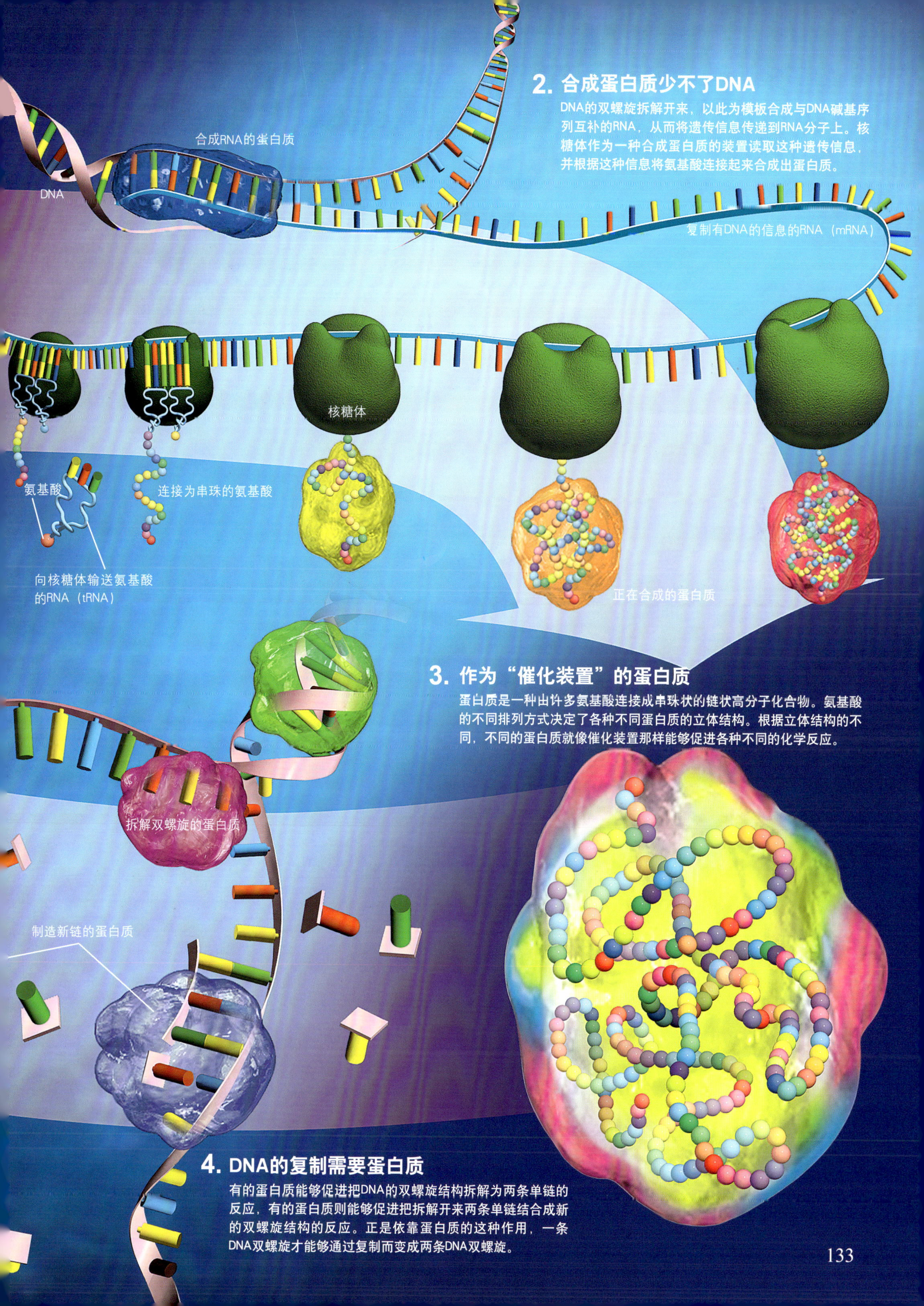

3. 作为“催化装置”的蛋白质

蛋白质是一种由许多氨基酸连接成串珠状的链状高分子化合物。氨基酸的不同排列方式决定了各种不同蛋白质的立体结构。根据立体结构的不同，不同的蛋白质就像催化装置那样能够促进各种不同的化学反应。

4. DNA的复制需要蛋白质

有的蛋白质能够促进把DNA的双螺旋结构拆解为两条单链的反应，有的蛋白质则能够促进把拆解开来两条单链结合成新的双螺旋结构的反应。正是依靠蛋白质的这种作用，一条DNA双螺旋才能够通过复制而变成两条DNA双螺旋。

生命开始于RNA的主流假说

在上世纪80年代初，美国科罗拉多大学的托马斯·切赫（Thomas Cech）博士和耶鲁大学的西德尼·奥尔特曼（Sidney Altman）博士发现了一种具有自我催化功能的分子RNA。这种具有自我催化功能的RNA被称为“核酶”（ribozyme）。这个术语是用RNA的统称“核糖核酸”（ribonucleic acid）和“酶”（enzyme，一类具有催化作用的蛋白质）两者组合起来创造的新词。

科学家发现了核酶，也就相当于发现了同时兼有鸡和蛋二者功能的“生命的万能分子”。RNA与DNA十分相似，同DNA一样，也能够携带遗传信息。现在又发现，RNA除了携带遗传信息，还能够像蛋白质那样起到促进化学反应的催化装置的作用。基于这一发现，美国哈佛大学的沃尔特·吉尔伯特（Walter Gilbert）博士提出了关于生命起源的“RNA世界假说”。

在1986年提出的这一假说关于生命诞生的基本论点如下：在原始地球上，在DNA和蛋白质出现以前，首先出现的是RNA。后来，在这些RNA中出现了一种具有自我复制能力的核酶，于是就出现了一个由RNA所构成的最早的生命世界，即“RNA世界”。RNA将它的促进化学反应的功能传递给后来出现的蛋白质，接着再把它的作为遗传基因的功能传递给更晚出现的DNA，最后才进化出了现在的生命。

日本东京大学尖端科学技术研究中心菅裕明教授领导的一个研究小组把随机得到的RNA放入试管，设法使它们快速进化，结果得到了具有多种多样功能的许多核酶。菅教授说：“在试管中出现了对于合成磷脂必不可少的氧化还原反应具有催化作用的核酶。这种核酶很可能就是导致出现最初的细胞膜的那种分子。”

菅教授等在后来的实验中还成功地得到了对于合成蛋白质的化学反应具有催化作用的核酶。在这种RNA分子的末端能够发生把多个氨基酸连接起来的反应。菅教授解释说，一旦出现了这样的核酶，那么，接下来能够产生的物质就不仅仅是RNA而已，还会合成出“肽“（一种由几个到几十个氨基酸所组成的小蛋白质）。此时，生命起源的进化就到了利用这些物质的阶段。

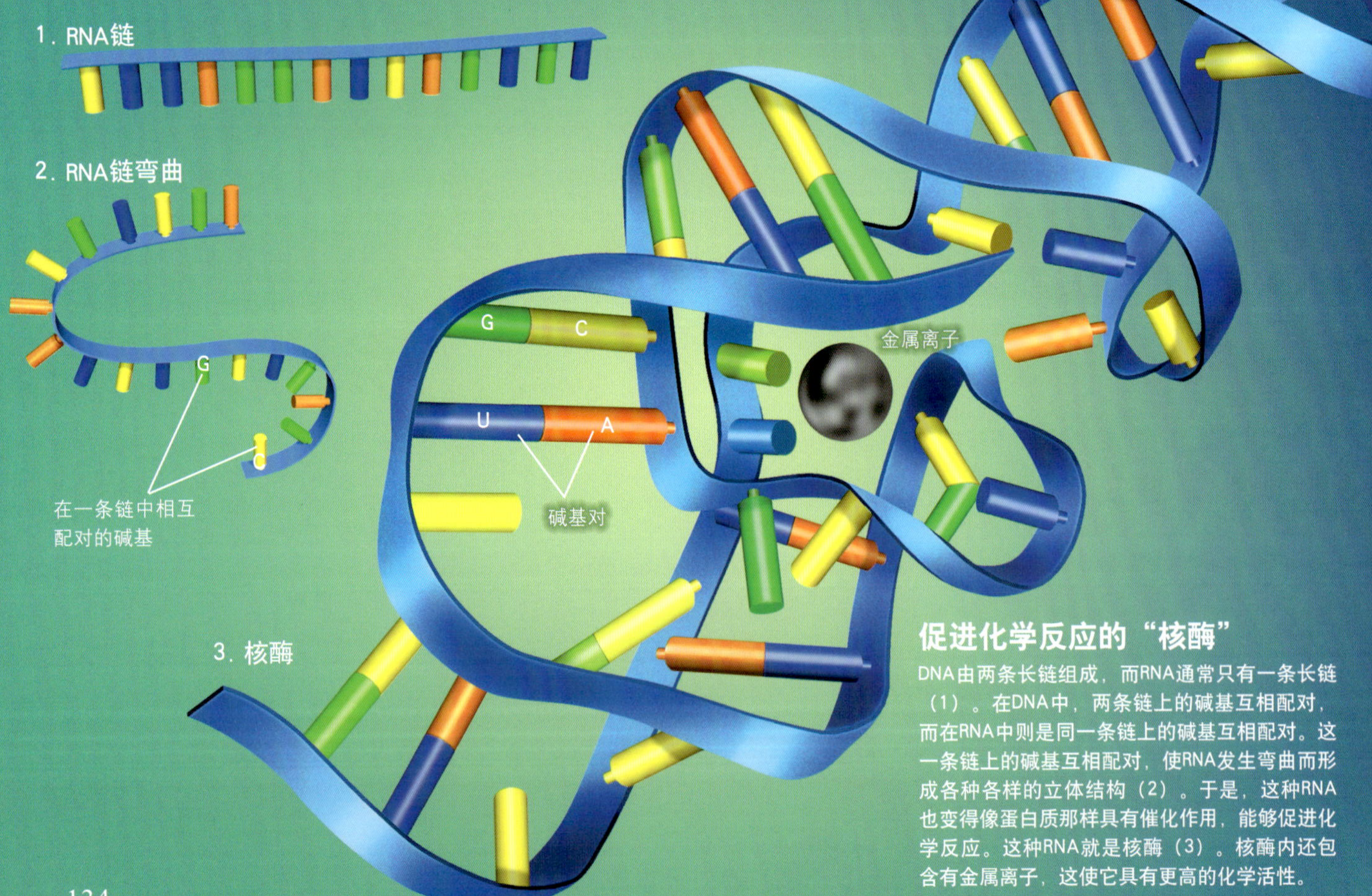

促进化学反应的“核酶”

DNA由两条长链组成，而RNA通常只有一条长链（1）。在DNA中，两条链上的碱基互相配对，而在RNA中则是同一条链上的碱基互相配对。这一条链上的碱基互相配对，使RNA发生弯曲而形成各种各样的立体结构（2）。于是，这种RNA也变得像蛋白质那样具有催化作用，能够促进化学反应。这种RNA就是核酶（3）。核酶内还包含有金属离子，这使它具有更高的化学活性。

1. 出现具有自我复制功能的RNA

出现了能够自行合成出同自己完全相同的分子的核酶，RNA开始自我复制。

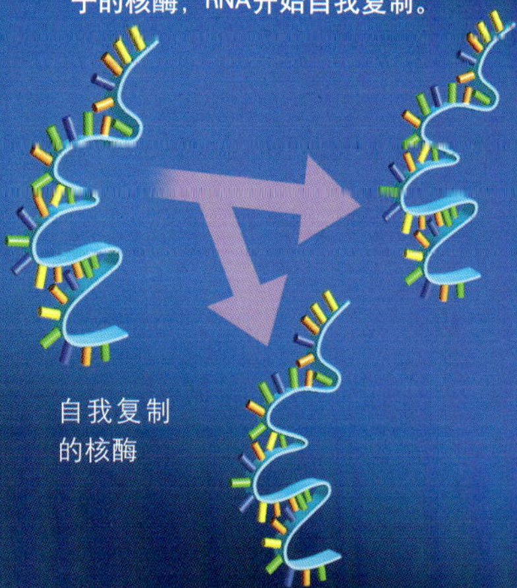

2. 出现细胞膜

出现了能够促进合成出磷脂的化学反应的核酶，于是产生出将RNA包裹在内部的细胞膜。

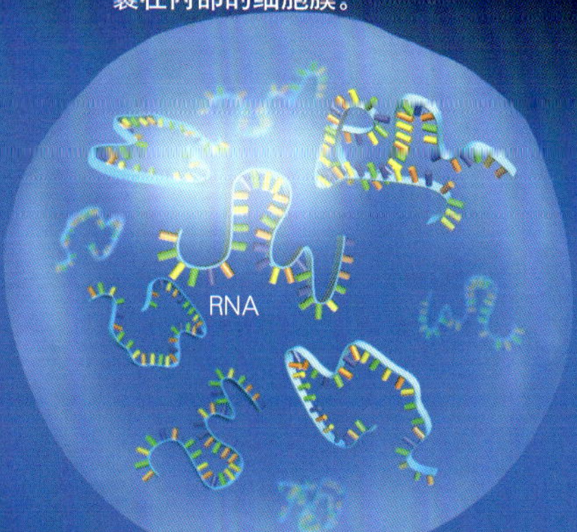

核酶和“试管内进化”

认为生命开始于RNA，关键是要证明确实能够自然出现具有各种各样功能的核酶。自上世纪90年代以来，许多研究者都在通过实验，采用了在“试管内进化”的方法来检验这种可能性，这项实验是把随机得到的RNA放入试管，人为引起突变，以加速RNA的进化。实验证明，由随机的RNA的确有可能得到具有各种各样功能的核酶。例如，已经得到的核酶，有的能够促进合成出RNA短链的反应，有的能够促进氨基酸与tRNA结合，有的能够促进氧化还原反应，等等。菅教授说：“现在，研究者仍在继续实验，希望能够在试管内得到能够完成自我复制的核酶，以及通过复杂的步骤合成出脂肪酸的系统所需要的那一系列核酶，等等。”

什么是“RNA世界假说”（1～4）

生命的特点是能够自我复制，这是生命诞生的关键。就现在所知，RNA是能够进行自我复制的惟一的一种分子。按照RNA世界假说，在原始地球上最先出现的是能够进行自我复制的核酶（1），然后，由核酶得到细胞膜（2），再得到蛋白质（3），进而得到DNA（4），才逐渐进化到现在的生物。

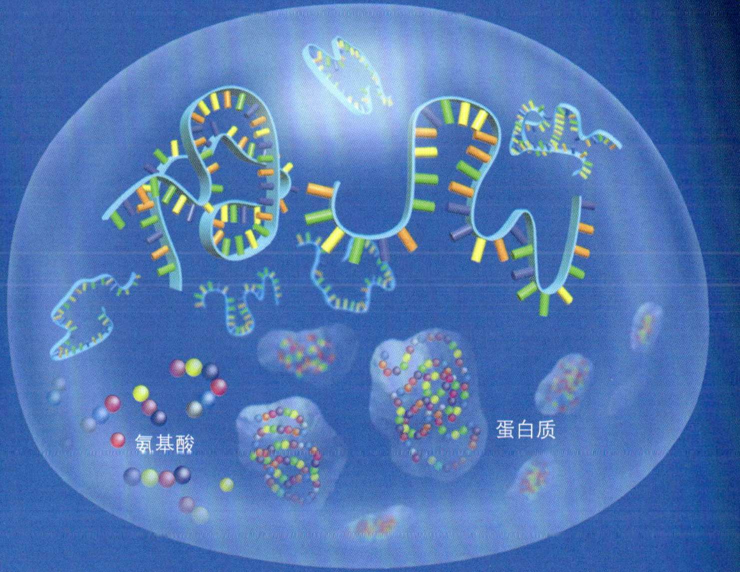

3. 出现蛋白质

在出现了能够促进合成蛋白质的化学反应的核酶之后，细胞内除了有RNA，又开始出现蛋白质。后来在这些蛋白质中出现了一些能够促进核酶无能为力的那些化学反应的蛋白质，使细胞内发生的化学反应变得更加复杂和多样化。

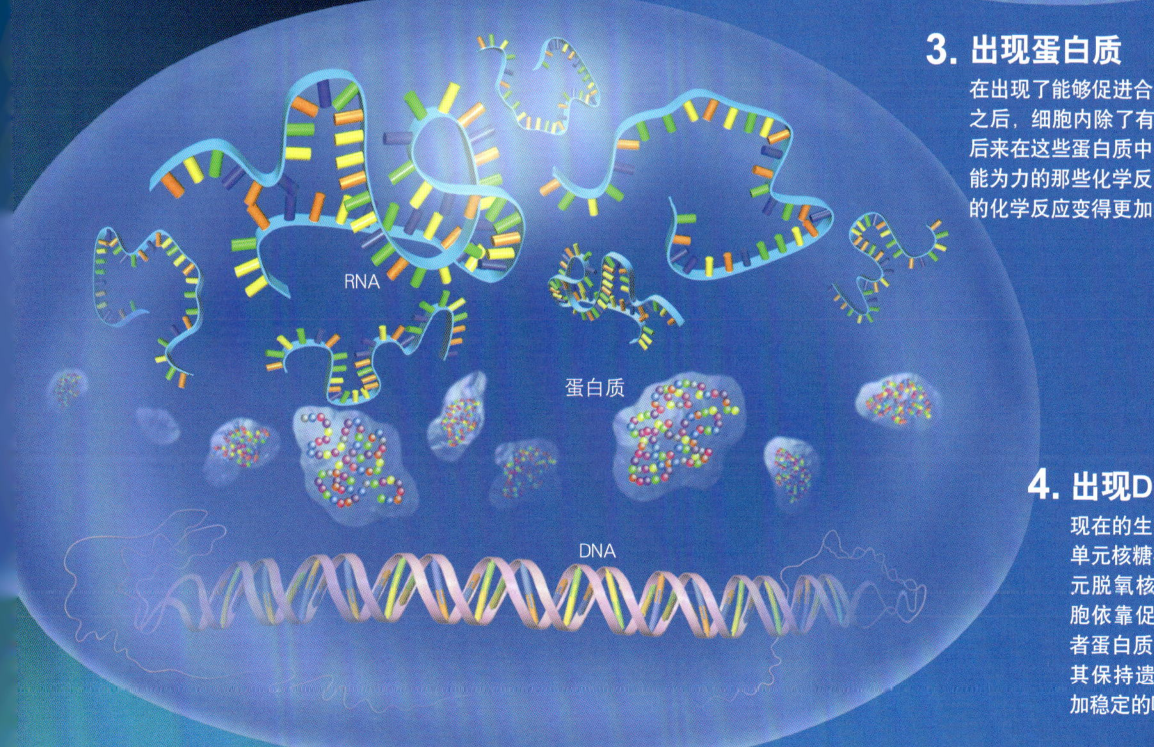

4. 出现DNA

现在的生物体内存在着将RNA的基本单元核糖核苷酸转变为DNA的基本单元脱氧核糖核苷酸的化学反应。细胞依靠促进这种化学反应的核酶或者蛋白质来合成DNA。结果，RNA将其保持遗传信息的功能传递给了更加稳定的DNA。

生命开始于蛋白质的另一种假说

目前，RNA世界假说得到许多研究人员的支持。然而，也有理论认为生命起源于蛋白质而非RNA。

这其中就有日本“生命起源和进化学会”会长、奈良女子大学理学部教授池原健二博士。他说道：“RNA是一种非常精致的分子。如此精致的分子十分复杂，说它们可以自然产生，那简直令人难以置信。”

构成RNA链的基本单元是“核糖核苷酸”，它们是比氨基酸还要复杂的分子。到目前为止，研究者不仅未在米勒实验或类似的实验中发现过自然合成的核糖核苷酸，甚至在陨石中也没能找到核糖核苷酸。

于是，池原博士转向了蛋白质。构成蛋白质链的基本单元是氨基酸，而氨基酸的结构比核糖核苷酸要简单得多。尤其是甘氨酸、丙氨酸、天冬氨酸和缬氨酸这4种简单的氨基酸，很容易在米勒实验或者类似的实验中由无机物合成得到，而且在陨石中也发现过的氨基酸。

池原博士认为，在RNA或DNA之前，也许曾出现过一个仅仅以这4种氨基酸为材料而构成的“蛋白质世界”（GADV假说）。

然而，正如前面所提到的，形成蛋白质的前提是先要有DNA或者RNA之类的设计蓝图。在没有这些分子的情况下，如何能够形成蛋白质呢？对于这个问题，池原博士是这样解释的：“使包含有甘氨酸、丙氨酸、天冬氨酸和缬氨酸这4种氨基酸的水溶液反复蒸发，仅仅通过随机结合，就有可能形成以这4种氨基酸为基础的蛋白质。这些蛋白质虽然是随机生成的，但其中也会有极少一部分具有催化作用，能够促进蛋白质的分解反应。对于生命的诞生而言，不一定非得有按照蓝图形成的高级蛋白质不可，其实，只要有由这4种氨基酸连接起来的蛋白质，就足以诞生出生命。”

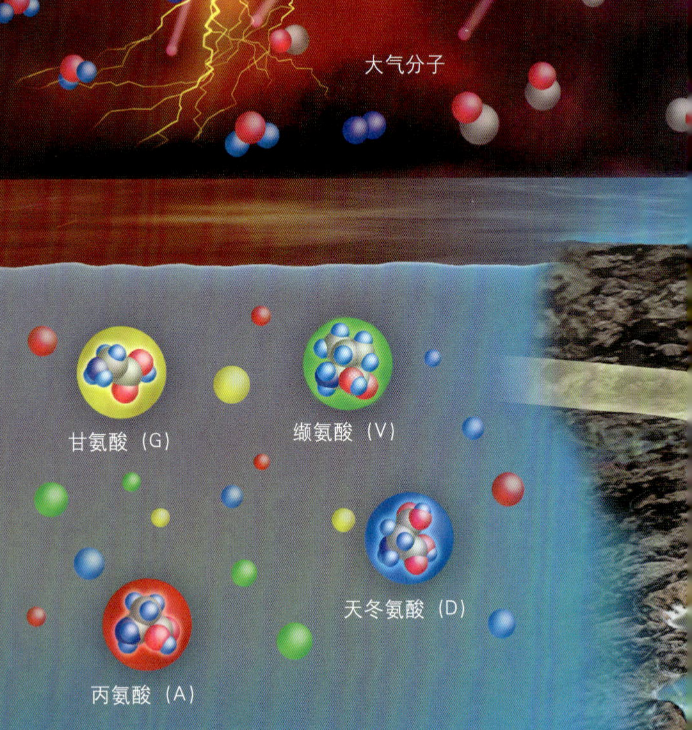

1. 出现4种氨基酸

在原始大气中或者在热液喷口附近由无机物合成出了4种氨基酸（甘氨酸、丙氨酸、天冬氨酸和缬氨酸）。

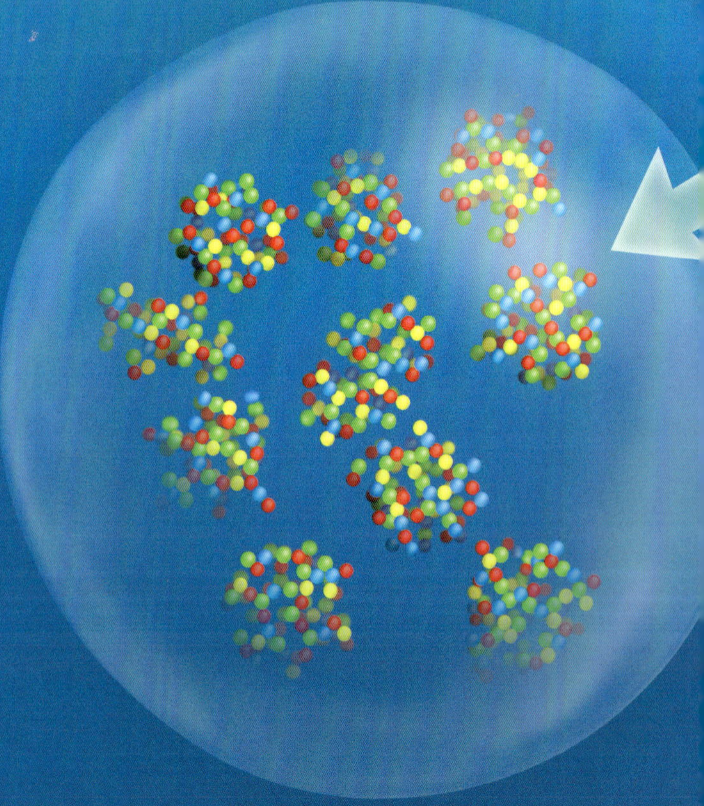

4. 获得细胞膜

作为细胞膜材料，磷脂通过同时具有亲水性部分和疏水性部分而形成膜。同样，池原博士认为含有高亲水性氨基酸（天冬氨酸）和高疏水性氨基酸（缬氨酸）的GADV蛋白质可以作为制造最初细胞膜的材料。

什么是“GADV假说”？（1～5）

池原博士所主张的先出现蛋白质、然后诞生最初的生命的假说，其实是很早就有的一类观点，被统称为“蛋白质世界假说”。

然而，池原博士具体提出的是原始蛋白质材料仅限于4种氨基酸，分别是甘氨酸（G）、丙氨酸（A）、天冬氨酸（D）和缬氨酸（V）。这些氨基酸结构相对简单，在自然条件下比较容易形成。池原博士将这一假设称为“GADV假说”，以与其他蛋白质世界假说相区别。

根据GADV假说，DNA和蛋白质之间就像“鸡和蛋”的关系：以GADV为材料的蛋白质先形成；之后，核酸序列和氨基酸连接形成遗传密码，遗传密码随机连接形成最初的单链RNA基因；随后，通过形成双链RNA基因过渡，最终形成双链DNA基因。现代生物遗传信息的传递过程为从DNA到RNA，RNA到蛋白质，而形成过程则刚好相反。GADV假说认为，作为诞生生命基础的基因、遗传密码和蛋白质的起源都可以用以4种氨基酸（GADV）为中心来解释。这就是池原博士认为“GADV假说是解释生命起源的更有力的想法”的根据。

2. 海浪使氨基酸互相连接起来

含有4种氨基酸的海水反复蒸发，使其中的各个氨基酸得以连接起来。池原教授指出，发生这种合成反应的情形就如同在海浪翻腾中形成盐粒。

3. 蛋白质一旦出现，就开始了“类复制”

4种氨基酸随机相互结合，能够偶然形成蛋白质（GADV蛋白质）。这个过程很可能会形成少量具有促进化学反应功能的蛋白质。一旦出现了能够将4种氨基酸随机结合起来的GADV蛋白质，它们尽管还不能正确复制自身，却可以开始“类复制”，制造出同自己相似的分子。

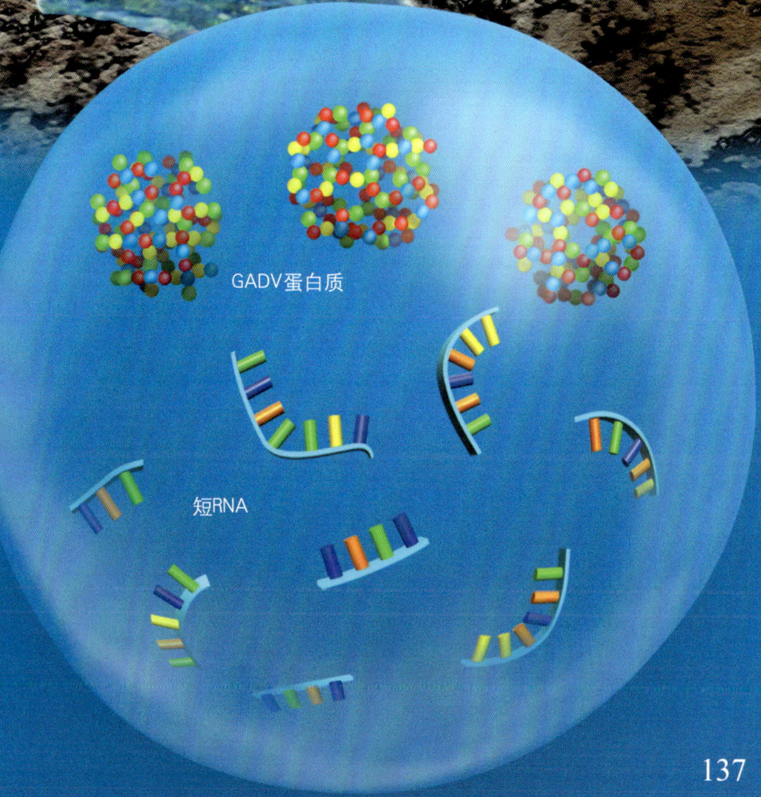

5. 出现RNA

一旦出现了具有各种各样功能的GADV蛋白质，便就有可能合成出RNA等核酸。那以后，就出现了能够根据RNA所携带的遗传信息来合成蛋白质的系统。

探索生命起源的研究仍任重而道远

最初的生命究竟产生于RNA还是产生于其他分子，目前尚无定论。

按照小林教授的说法，探索生命起源的研究还远没有完结，仍然任重而道远。他说：“探索生命起源的研究有两条路线。一条路线是考查无机物如何通过化学进化而生成有机物，然后再产生出生命体。另一条路径则是追溯现有生物的祖先，寻找现有生物的共同祖先，直至最原始的生命形式。这两条研究路线在某处碰头，就等于解开了生命起源之谜。遗憾的是，这两条路线现在还相距十分遥远。”

那么怎样才能够解开生命起源之谜呢？小林教授举出了两种可能的方法。

一种方法是在实验室里制造出“人工生命”，找出生命起源所必需的条件。“不少人认为，在实验室制造人工生命是一种徒劳。这种看法其实同米勒实验之前人们的想法一样，那时，许多人也认为从大气分子获得氨基酸是不可能的。我以为，只要具备了足够的条件，那么在不远的将来，在实验室成功制造出可以称为‘生命’的物质也并非是一件不可能的事情。”

另一种方法是到地球以外的宇宙中去寻找生命。“在火星上，在木星的卫星木卫二和土星的卫星土卫六上，若能够找到第二种生命，那自然是一件很有意义的事情。然而，如果没有找到生命，只是找到了处在生命快要诞生之前的某种状态的分子，那么，从探索生命起源的角度看，意义或许会更加重大。说到生命，我们人类毕竟只知道地球上这么一种生命。我们只有知道了更多不同类型的生命，才有可能真正懂得什么是生命。”小林教授说。

翻译／王鸣阳

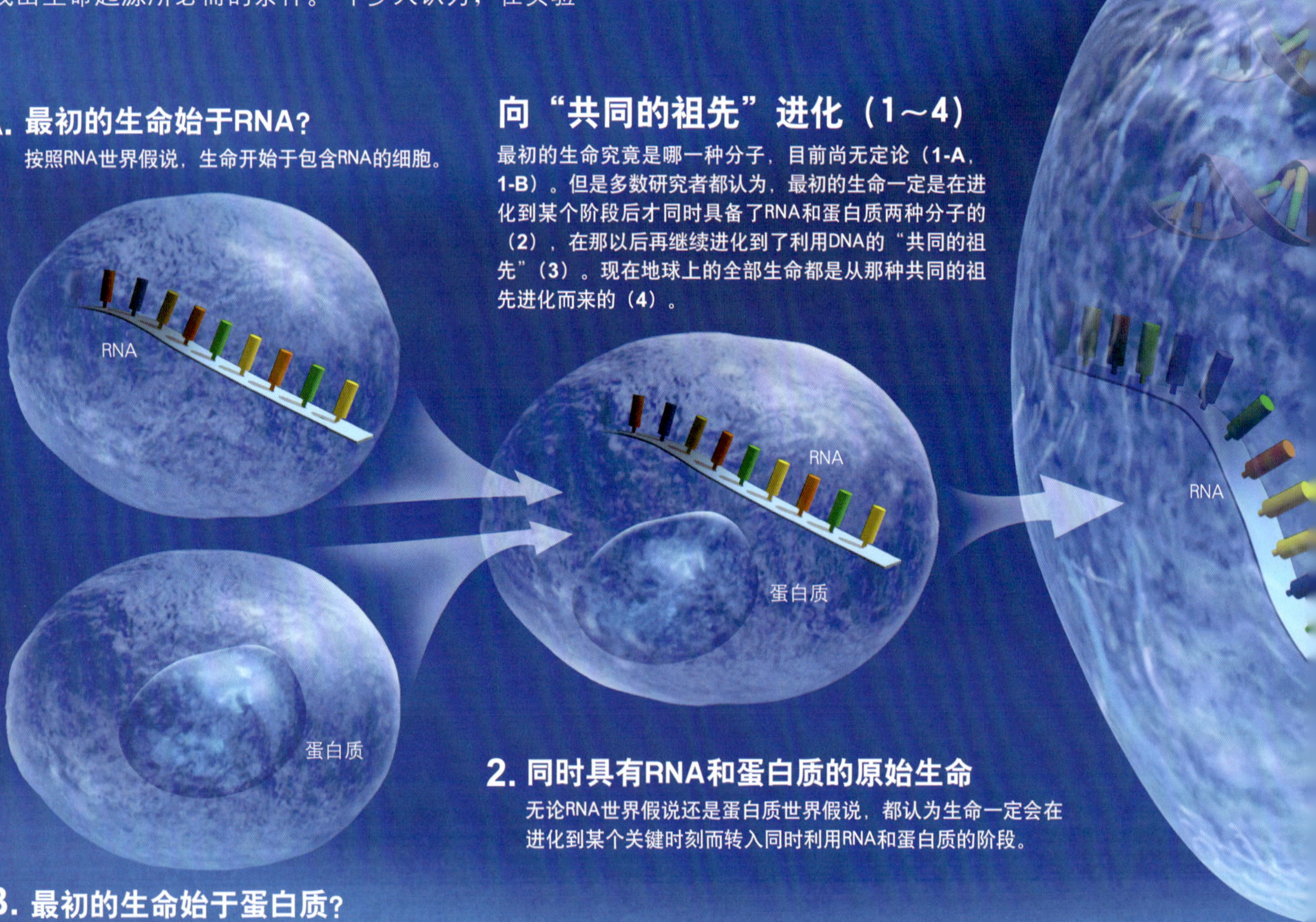

1-A. 最初的生命始于RNA？
按照RNA世界假说，生命开始于包含RNA的细胞。

向“共同的祖先”进化（1～4）
最初的生命究竟是哪一种分子，目前尚无定论（1-A，1-B）。但是多数研究者都认为，最初的生命一定是在进化到某个阶段后才同时具备了RNA和蛋白质两种分子的（2），在那以后再继续进化到了利用DNA的“共同的祖先”（3）。现在地球上的全部生命都是从那种共同的祖先进化而来的（4）。

2. 同时具有RNA和蛋白质的原始生命
无论RNA世界假说还是蛋白质世界假说，都认为生命一定会在进化到某个关键时刻而转入同时利用RNA和蛋白质的阶段。

1-B. 最初的生命始于蛋白质？
按照蛋白质世界假说，生命开始于包含蛋白质的细胞。

4. 多样化的生物世界

经过40亿年的进化，共同的祖先早已经分化，变得非常多样化了。结果，地球上有了细菌和蓝藻这样的原核生物，有了古细菌，有了动物、植物和真菌等真核生物，而这其中的每一类，又拥有许许多多的物种。

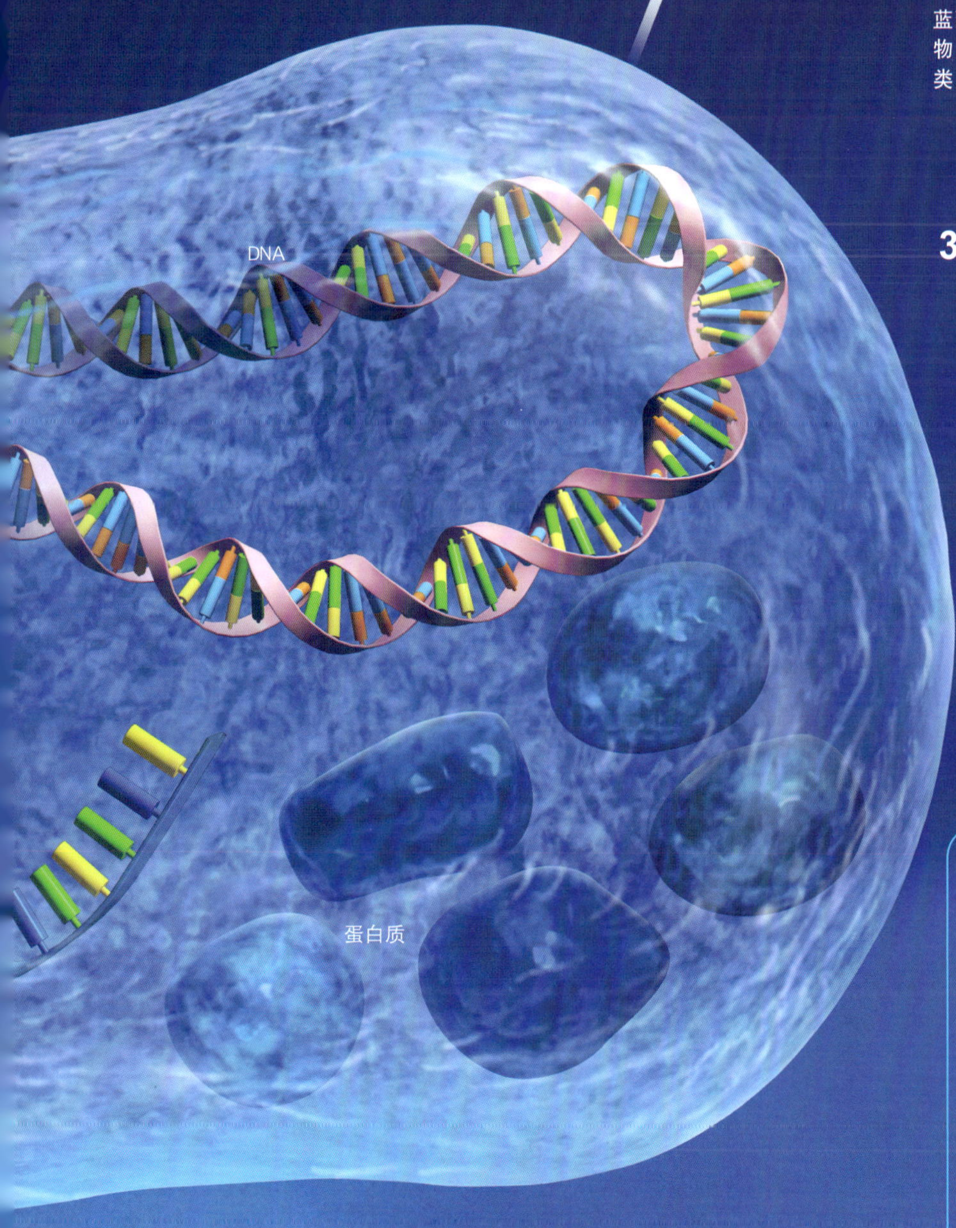

3. 具有DNA的“共同祖先”出现

地球上的一切生物毫无例外都具有DNA。任何一种生物都是将DNA所携带的遗传信息复制到RNA上作为设计蓝图来制造蛋白质的。由此可以推断，在历史上的某个时间一定曾诞生过一种同时利用DNA、RNA和蛋白质三者的“共同祖先”，并进化出了如今的各种生命。研究者把现在所有生命的共同祖先称为“现存物种共同祖先”（last universal common ancestor，LUCA）。需要注意，它并不是最初的生命，也不是当时唯一的生命。

“共同祖先”是怎样的生物?

比较各种生物都具有的蛋白质，可以发现，近缘生物之间，蛋白质内氨基酸的排列方式彼此相似，而远缘生物之间，则相差较大。通过这种比较可以查出地球上所有生物之间的亲缘关系，并绘制出一棵“进化系统树”。这棵进化系统树的根部，就是全体生命的共同祖先。在进化系统树接近根部的位置，有较多喜好高温环境的生物。根据这个线索，许多研究者推测，那个共同的祖先或许就生活在例如热液喷口这样的高温环境里。

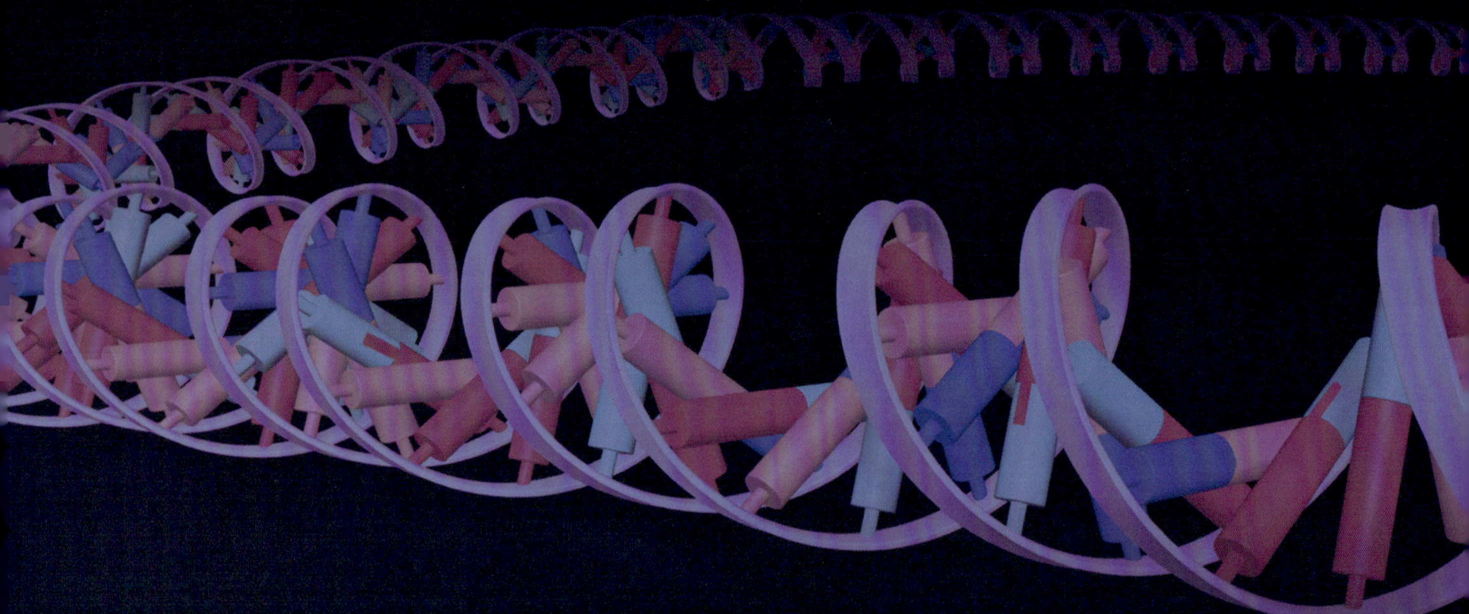

基因上的生物进化

由基因组和基因查明的进化机制

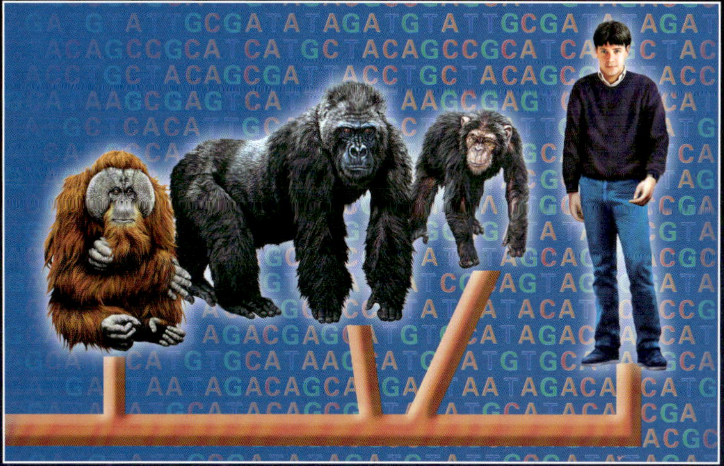

把人类同在进化上具有亲缘关系的几种大型类人猿的基因和基因组进行对比，极大地推进了探索进化之谜的研究。

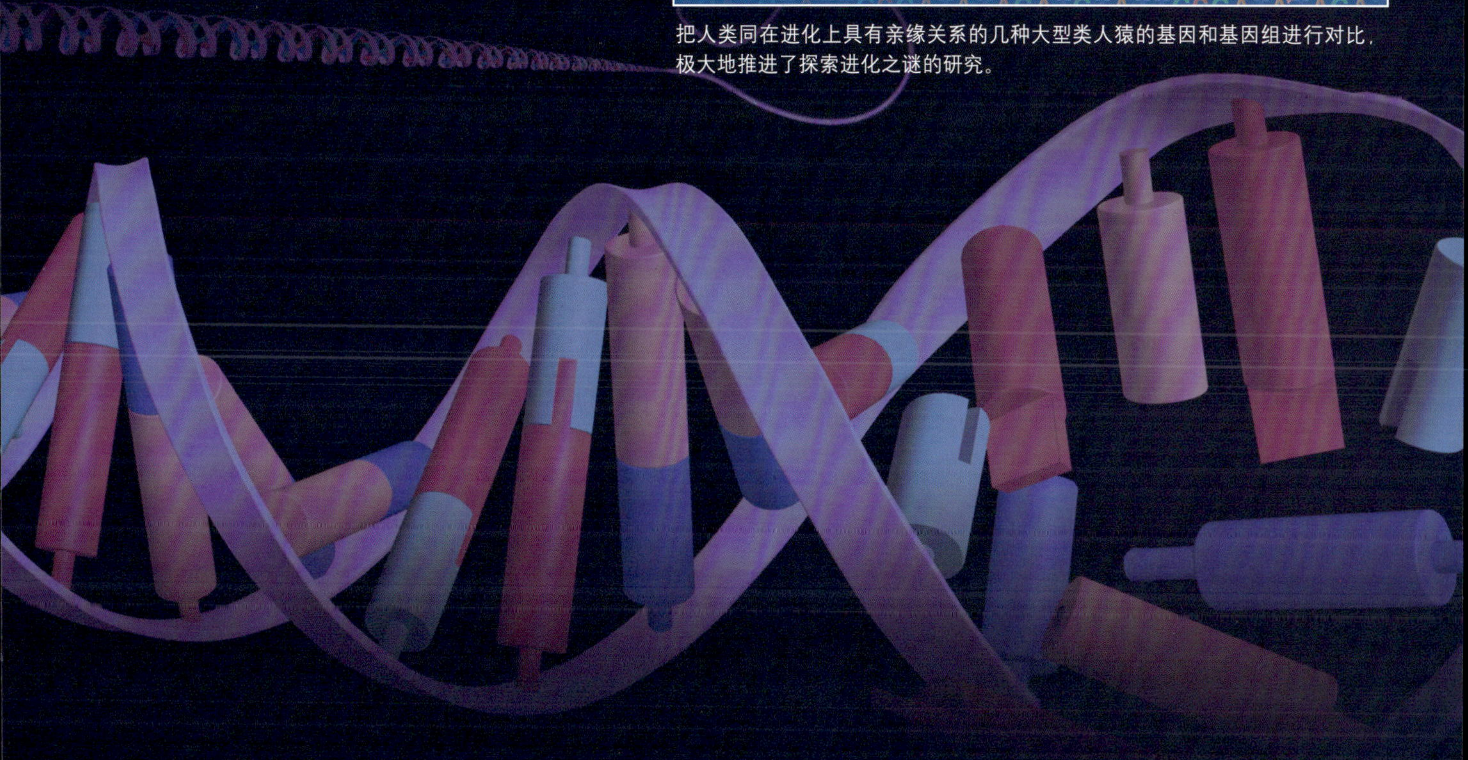

近年来，关于生命本质的研究突飞猛进，科学家在分子层面上对生命有了更深入的了解。这其中，特别受到人们关注的是在作为生命蓝图的“基因组”的解读方面所取得的成果。研究人员不仅成功解读了人类和黑猩猩的基因组，还解读了许多其他物种的基因组。

有了这些在分子层面上对于生命本质的新认识，那么，科学家对于“进化是如何发生的”和“人为什么能够成为人”这样一些关于进化的难题便顺理成章地有了更多的了解。这些问题，只靠研究现生生物和远古生物遗留下来的化石是无法解答的，然而通过近年来在分子层面的研究，已经陆续得到了一些答案。

下面将依据这些最新发现，介绍人类在基因组、基因和DNA这样的分子层面探索生物进化之谜以及进化机制所取得的最新进展。

“进化”的含义

在日常生活中有时也会用到“进化”这个词，大多数情况都含有“进步”的意思。然而在生物学上，进化并不意味着进步。

进化，简单说来，是指“生物在一代又一代的长期传代中其形态等特性发生了变化”。这种变化也可能不是进步而是“退化”，那也属于生物学上所说的进化。例如蛇，它们的祖先原来是有脚的，现在已经失去，这也是进化。

从分子层面上看，所谓进化，其实是“作为生命设计图纸的‘基因组’在生物长期世代相传的过程中被修改了”。这种叫做基因组的图纸就隐藏在细胞的内部，生物体则根据这种基因组的信息来构建自己的形态，实现自己的所有功能。子代的基因组虽然是由其父母各自基因组的一半组合而成，也就是复制了父母各自基因组的一半，但是这种复制品也会走样，某些部分与父母不同。

进化是分两步进行的。第一步，个体的基因组中出现了不同于双亲基因组的“被修改部分”。结果，构成个体的蛋白质的形态发生了变化。这种修改叫做“突变”。第二步，具有这种突变的个体的数量在群体中所占的比例或者增大或者减小。突变以这种方式在种群中增加或减少的全过程就是进化。

突变按其后果可以分为三大类。第一类是对于生物生存和遗留下后代具有不利影响的突变，第二类是有利的突变，第三类是无所谓有利和不利的突变（中性突变）。

例如，血液中的“血红蛋白”是一种负责输送氧气的蛋白质，如果它发生了突变，将会使出现这种突变的个体失去保证生命活动所必需的功能，个体就无法生存。发生这种对于“生存和生殖不利的突变”，出现突变的个体不会留下后代，因而这种突变不会导致进化。不利突变随时间而被淘汰的这种过程叫做“负选择”。

经过若干次传代能够保留下来的突变，也就是说对于进化作出贡献的突变，大多属于对于“生存和生殖有利的突变”和“中性突变”。这两类突变，有一部分能够在生物种群中扩散开来，于是这个生物种群就出现了进化。对于生存和生殖有利的突变在种群中扩散开来的这种过程，叫做“正选择”。同时，中性突变运气够好的话，也会在群体中广泛传播。

被不断修改的“生命蓝图”

该处图解形象地表现了作为生命蓝图的基因组内的信息如何被修改而导致进化。此图解用一页文字来代表某一种生物的基因组，全部文字只采用了4种字母排列而成。经过代代传递，基因组中有些位置的字母被修改了，导致生物的形态等发生变化，这就是进化。

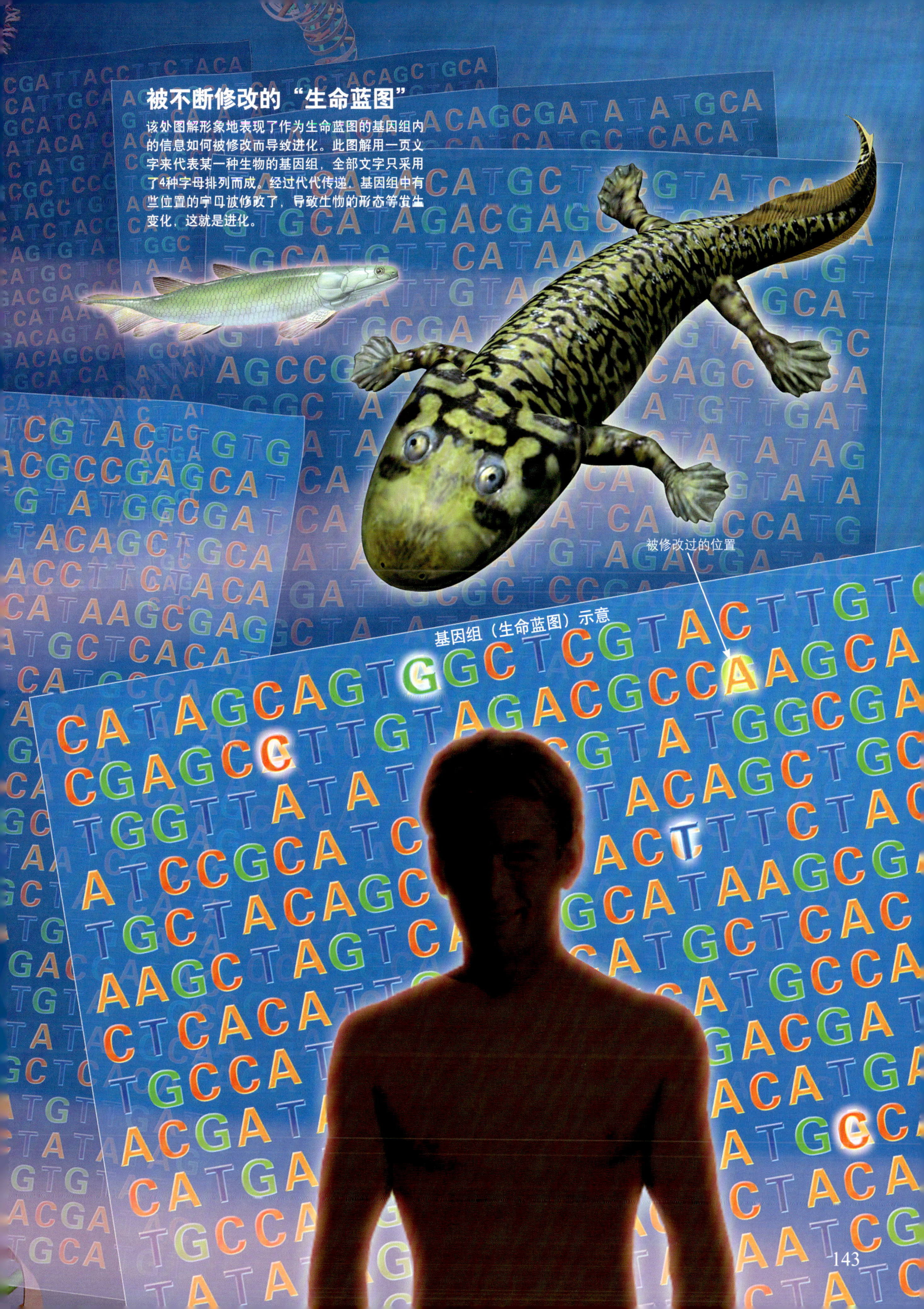

隐藏在细胞内的进化秘密：一切生物皆兄弟？

把基因组说成是“生命蓝图”是很恰当的。具体说来，基因组之所以如此重要，是因为它起到的是“蛋白质图纸”的作用。

蛋白质的种类很多，各自有不同的功能。例如，皮肤等组织中大量的“胶原蛋白”，构成肌肉纤维的“肌球蛋白”，红细胞中输送氧气的“血红蛋白”，在细胞之间传递信息的各种“激素”，攻击侵入体内病原体的“抗体”，还有促进体内各种各样化学反应的“酶”，等等。蛋白质简直就是构成生命的万能材料。

那么，生命是如何按照基因组来合成蛋白质的呢？

DNA中用ATGC这4种“字母”（碱基）书写的信息先被转录到RNA（核糖核酸）中（**1**）。这种RNA叫做“mRNA”（信使RNA）。RNA中也只使用了4种“字

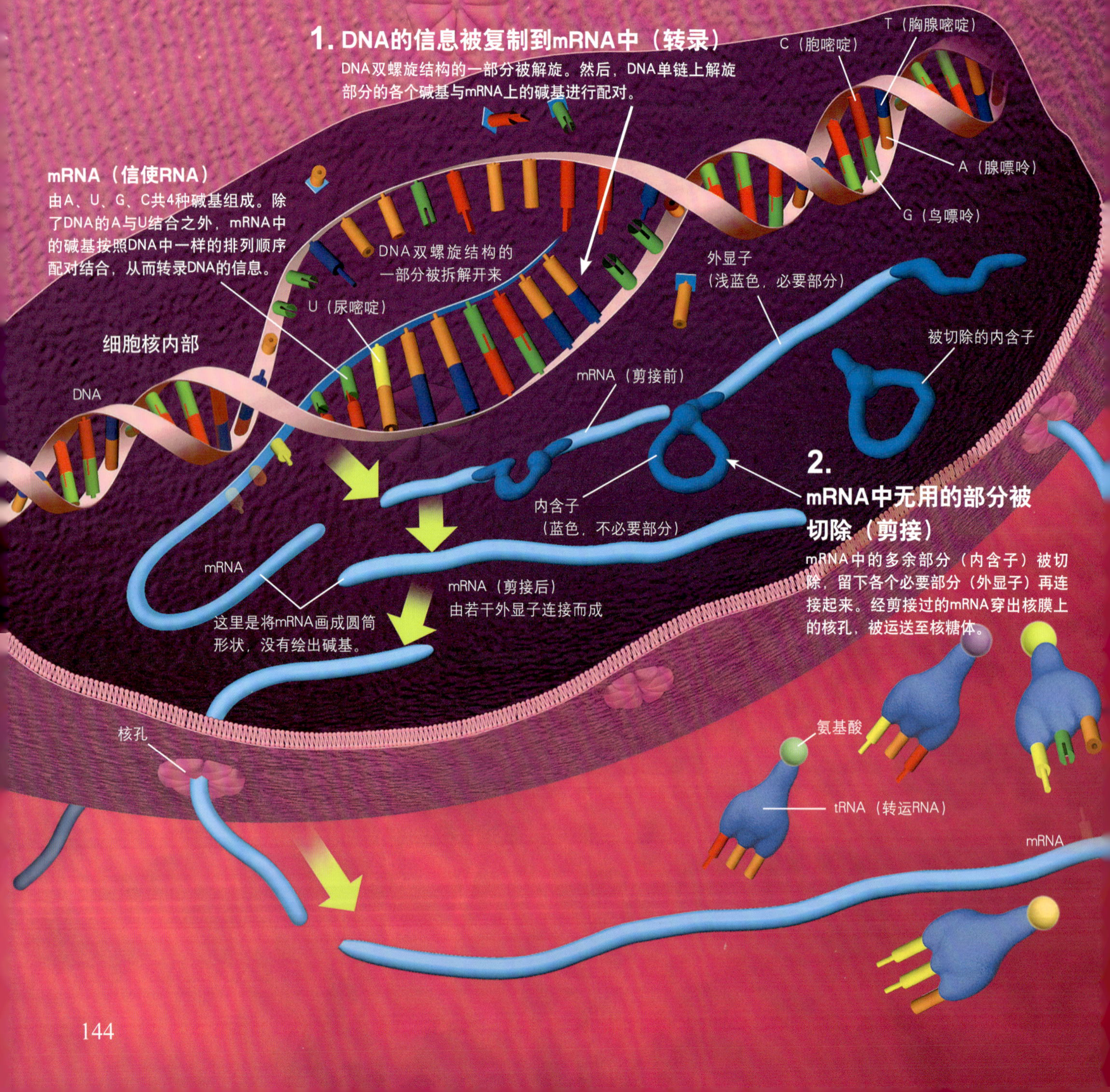

母”，其中3种“字母”与DNA中的相同，但是DNA中使用的T在这里换成了U。除了DNA中的T被U代替之外，RNA中的碱基完全按照DNA中的排列顺序配对结合，就像DNA双螺旋结构那样。DNA中的信息就这样被转录到了mRNA中。

录制有信息的mRNA脱离细胞核（**2**），移动到被比喻为“蛋白质制造工厂”的“核糖体”内，在这里，按照mRNA所携带的信息合成蛋白质（**3**）。

蛋白质是一类由20种氨基酸连接成像串珠一样的分子。一般说来，一个蛋白质分子有50～2000个氨基酸。mRNA中每3个碱基字母（密码子）对应着一种氨基酸。例如，GCA这样一组排列，其意思是把氨基酸“珠子”连接成一种叫做“丙氨酸”的氨基酸。表示RNA中每3个碱基字母所形成的一组排列与20种氨基酸一一对应的列表叫做“遗传密码表”（密码子表）。

非常有意思的是，地球上的一切生命，从人到细菌，采用的都是这同一个遗传密码表（也有极少数不同之处）。即使那些样子相差悬殊的生物，也都是按照同样的规则来合成蛋白质。这样一个事实被认为是地球上所有的生命都是从一个共同祖先进化而来的有力证据之一。几十亿年前就形成的这一套规则仍然被今天的生命使用着。

按照DNA制造蛋白质（1～3）

书写在DNA中的信息被转录到mRNA中（1）。mRNA中对于合成蛋白质无用的多余部分被切除（2）。此后，mRNA被转移至核糖体，核糖体按照mRNA中的碱基序列将若干氨基酸像穿珠子那样连接起来，合成蛋白质（3）。

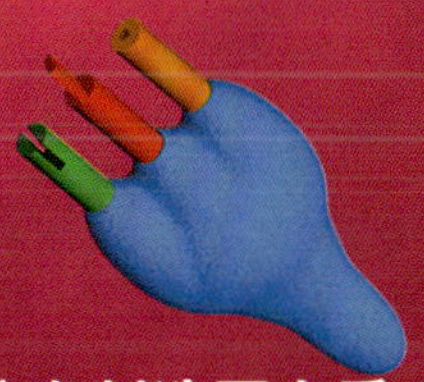

3. 依据mRNA的信息制造蛋白质（翻译）

在核糖体中按照mRNA的碱基排列把各种氨基酸连接起来合成出蛋白质。mRNA中每一个三联体决定了选择哪一种氨基酸进行连接。

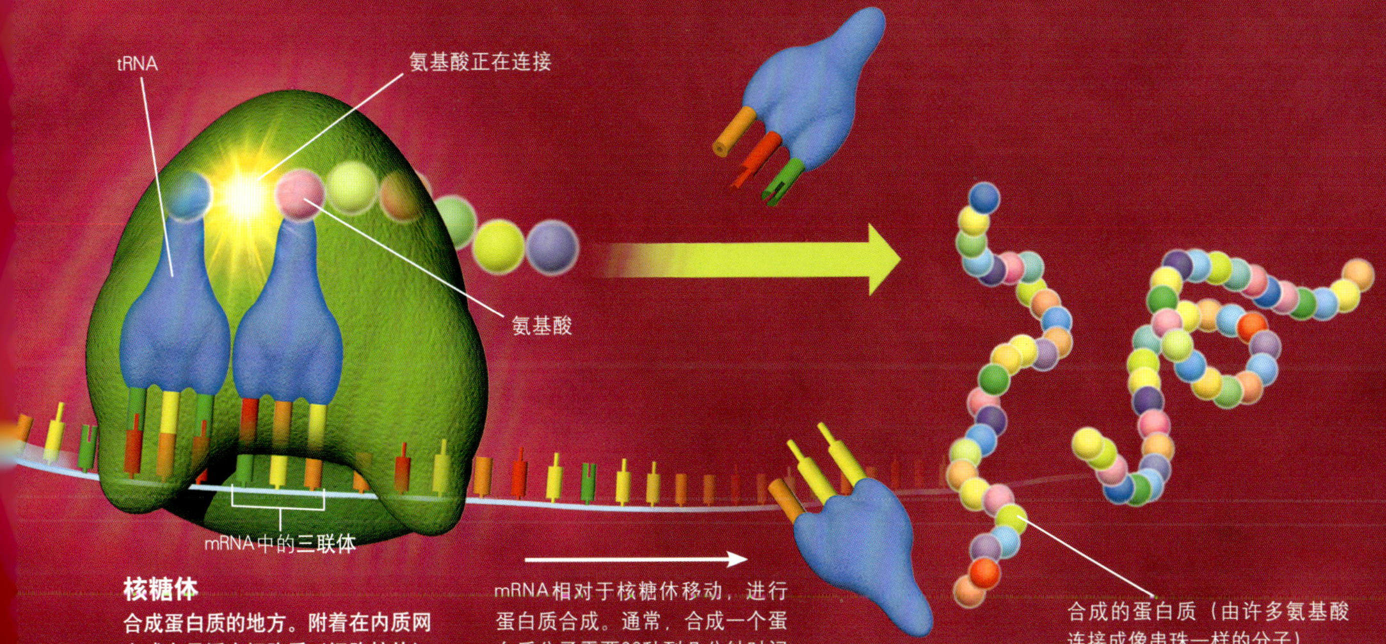

核糖体
合成蛋白质的地方。附着在内质网上或者悬浮在细胞质（细胞核外）中的一种微粒。

mRNA相对于核糖体移动，进行蛋白质合成。通常，合成一个蛋白质分子需要20秒到几分钟时间不等。

合成的蛋白质（由许多氨基酸连接成像串珠一样的分子）

基因组“突变”是怎么回事？

就像前文所说的那样，生物进化的第一步，就是基因组内出现了“突变”，也就是其中的基因被修改了。但是，身体的普通细胞（体细胞），比如皮肤或内脏这些组织的细胞，即使其中的DNA出现了被修改的部分，也不会影响到进化。也就是说，这些被修改的部分不会转移至下一代而世代相传。

导致进化的突变，只是生殖细胞内所出现的那些突变。生殖细胞是指雄性的精子和雌性的卵子，它们是对于生物繁衍具有关键意义的细胞。精子和卵子通过受精过程融合在一起，亲代的基因组才得以成为子代的基因组。

随着细胞分裂，其中的DNA不断地被复制。这种复制偶尔会出现错误，自然界存在的放射线和某些化学物质也有可能造成DNA损伤，但是DNA具有一种修复机制，一般都能够自行加以修复。不过，这种修复并不是

各种不同的突变

这里的跨页图解形象地表现了基因组中发生的几种突变

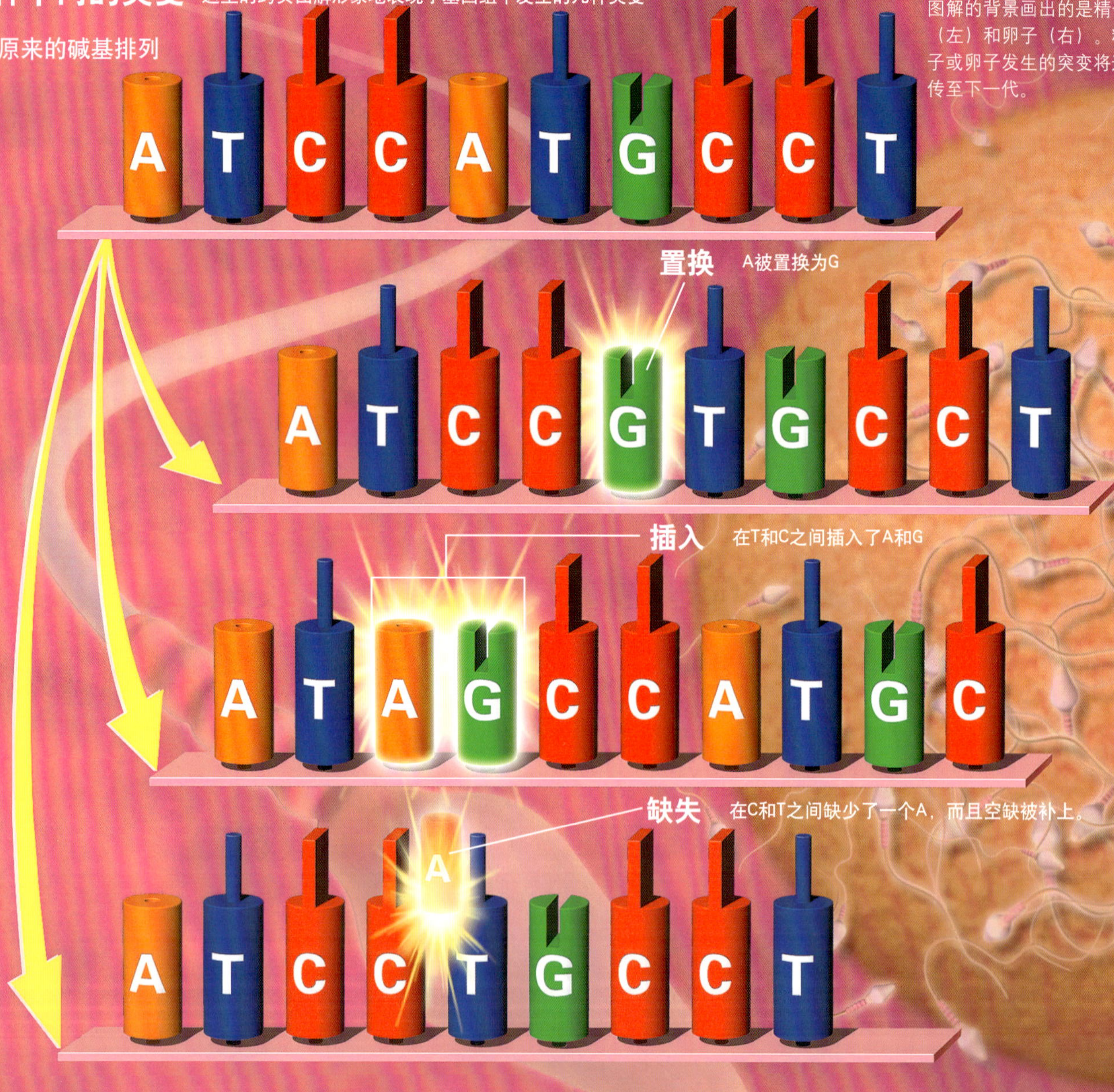

图解的背景画出的是精子（左）和卵子（右）。精子或卵子发生的突变将遗传至下一代。

百分之百的有效，于是，DNA中的修改部分就被转移至后代。这就是突变。

具体说来，DNA是如何被修改的呢？

首先是碱基的“置换”“插入”或者“缺失”。也就是说，DNA中以ATGC“字母”书写的碱基排列，其中有某个碱基被改换成了其他种类的碱基（置换），或者在原来的碱基排列中新插入了几个碱基（插入），或者原来的碱基排列丢失了某个碱基而两侧的碱基靠拢过来填补了空缺（缺失）。

另一种修改方式，是一个基因可以作为一个整体在基因组中转移。这种转移的基因叫做“转座子”。如果转座子转移到另一个位置插入到了其他的基因之中，那么，那个被插入了转座子的基因便会失去功能。

此外，一个基因还有可能倍增为两个基因。这种修改叫做“基因重复”。不仅基因可以倍增，基因组也可以倍增。即“基因组重复”。

基因组中发生突变对生物个体产生的影响是各种各样的。例如，仅仅是一个碱基被置换，就可以导致在细胞层次发生变化，出现“镰状红细胞”。

红细胞内有一种能够与氧气结合的血红蛋白（血色素），在确定如何制造血红蛋白的基因中有一个碱基被置换以后，根据该基因合成的血红蛋白便会相互连接成长丝状。结果，所形成的红细胞就呈现为镰刀形状。如果从父亲和母亲双方都继承了这种制造出镰状红细胞的基因，那么这个人就很容易罹患重度贫血症，甚至危及生命。

转移基因（转座子）

基因A（转座子）发生转移，切开基因B插入其间，破坏了基因B的功能。

基因重复

一个基因A变为两个基因A

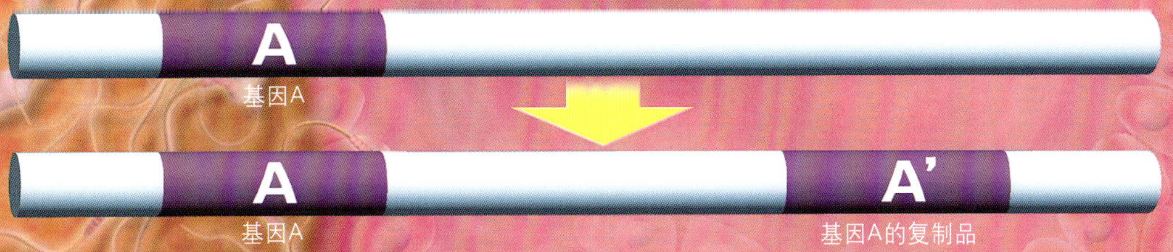

基因组重复

基因组（全部染色体）整体倍增

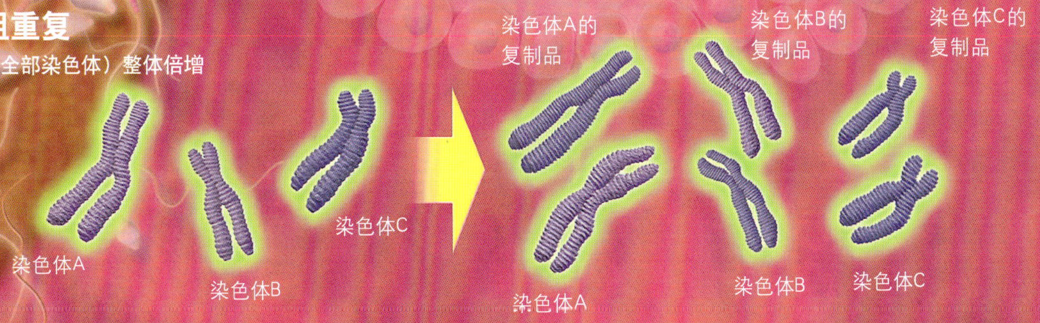

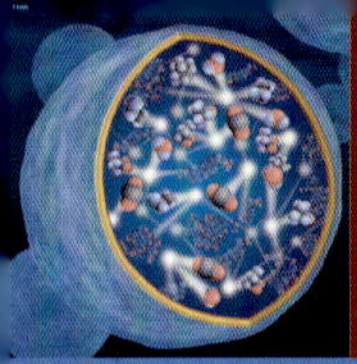

进化系统树和分子钟

基因和蛋白质上镌刻着进化的历史

各个不同的生物物种是怎样在进化过程中分化出来的？对于这个问题，在以前，研究者只能通过对比现生生物和过去生物遗留下来的化石来进行推测。现在，研究者则可以在基因或蛋白质这样的分子层面来进行比较了。

例如，对于近缘物种，可以把它们的同一种基因拿来进行对比。这些不同的物种都是从一个共同的祖先进化而来。那个共同祖先的基因发生各种各样的突变，突变后的基因再各自发生突变，这些突变长期积累起来，就分化出了不同的物种。两个物种分开的时间越久，二者碱基排列中的差异点就越多。通过这种比较，可以知道一个物种与另一个物种亲缘关系的远近，从而构建出一种显示各种各样物种彼此之间亲缘关系的进化系统树。蛋白质也是只利用了20种氨基酸作为“字母”书写而成，因此，通过比较蛋白质内这些氨基酸的排列方式也可以构建出进化系统树。

即使“活化石”，它们在分子层面也有变化

将现生生物在分子层面加以比较还可以推测出两个物种分化出来以后所经过的年代（分化年代）。

例如，将不同物种的某种蛋白质加以比较可以得到它们“氨基酸排列差异点的数量”，而这种差异点数量的多少与“根据化石所推断得到的不同物种的分化年代”之间存在着近似的比例关系。也就是说，氨基酸排列的差异点数量多一倍，分化年代也要长一倍。

存在着这个事实就意味着，蛋白质或者基因经过一定的时间所积累起来的突变数量是大致一定的。换句话说，从分子层面看，不论什么物种，进化的速度全都是大致相同的。有一种叫做腔棘鱼的物种，科学家早就发现了它们的古老化石，直到20世纪上半叶才发现了它们的一个活着的品种，其形态几乎没有发生什么变化，因而被称为“活化石”。然而，即使这样的活化石，在分子层面上，也仍然在以大致相同的速度不断进化。

生物在分子层面进化的这个性质很像时钟以不变的速度走动，因而被称为“分子钟”。有了这种分子钟，对那些无法通过化石分析得到分化年代的物种，研究者就可以通过比较它们之间的蛋白质或者基因的差异来推测出它们的分化年代。需要指出的是，分子的进化速度并不是完全相同，多少还是有些差别。而且，蛋白质或基因也会因其种类不同而有不同的进化速度。

到目前为止，许多物种都已通过分子层面的比较推测出了它们的分化年代。例如，现在推测的人类和黑猩猩两者的分化年代大约是在500万年前～700万年前，而以前根据化石研究所推测的年代则是1500万年前。像这种在分子层面的比较推翻了化石研究推测结论的例子还有不少。在推测生物不同物种的亲缘关系（谱系）方面，在分子层面上进行比较已经是现在不可缺少的一种研究手段。

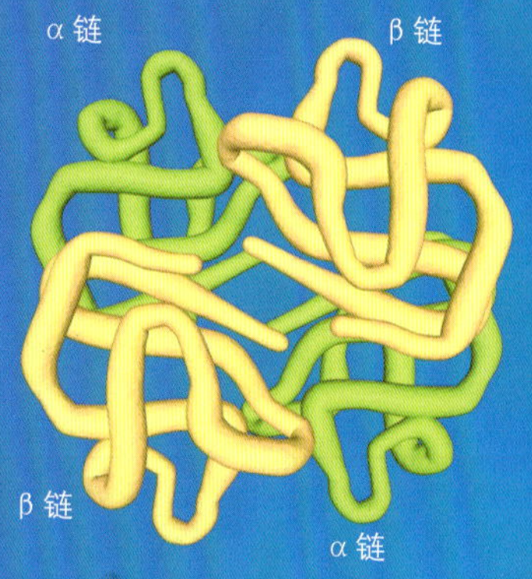

血红蛋白的结构

红细胞所包含的一种运送氧气的分子。由两条α链和两条β链（全都是蛋白质）以及一种与氧气结合的化合物（血红素）构成（此图中没有绘出血红素）。

图解背景是时钟面盘

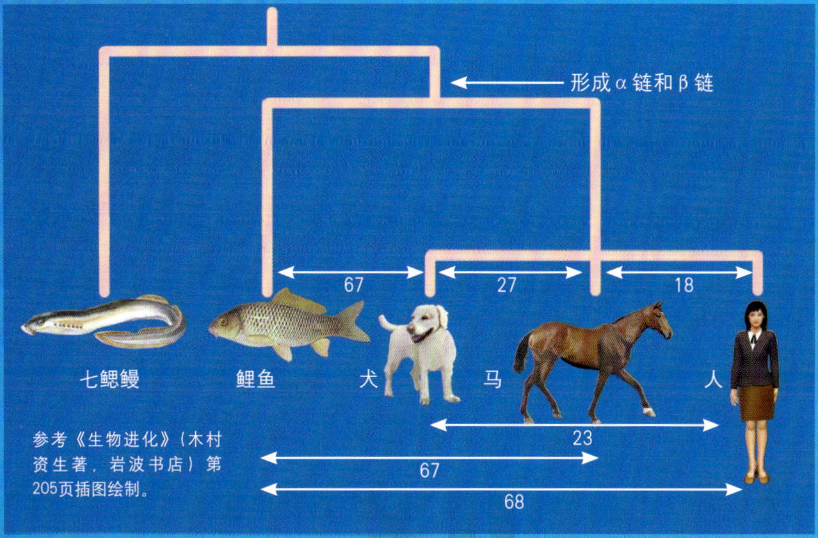

通过对分子进行比较绘制的进化系统树

比较几种动物血红蛋白中α链和β链上氨基酸的排列而得到的进化系统树。双向箭头线下侧的数字表示的是箭头线两端物种之间氨基酸排列中有差异的氨基酸的个数。在141个氨基酸的排列顺序中，人与马有18个不同的位点，而人与鲤鱼分化的年代更早，有68个不同的位点。分化以来的时间越长，氨基酸排列的差异越大。因此，只要通过化石研究知道了一组不同物种彼此分化的年代，用这种分子层面的比较方法就可以推断出其他物种彼此的分化年代，并构建出它们的进化系统树。

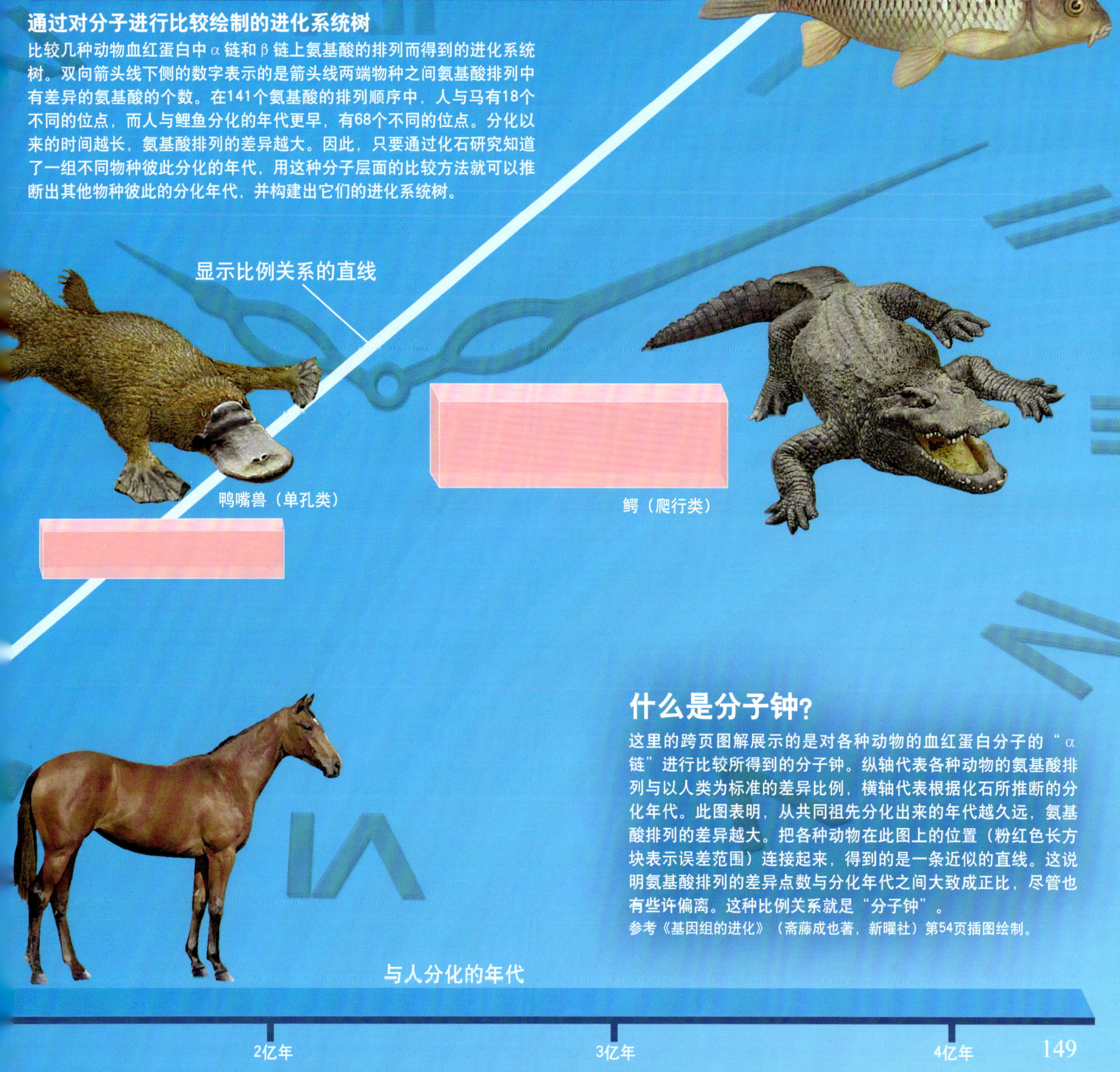

什么是分子钟？

这里的跨页图解展示的是对各种动物的血红蛋白分子的"α链"进行比较所得到的分子钟。纵轴代表各种动物的氨基酸排列与以人类为标准的差异比例，横轴代表根据化石所推断的分化年代。此图表明，从共同祖先分化出来的年代越久远，氨基酸排列的差异越大。把各种动物在此图上的位置（粉红色长方块表示误差范围）连接起来，得到的是一条近似的直线。这说明氨基酸排列的差异点数与分化年代之间大致成正比，尽管也有些许偏离。这种比例关系就是"分子钟"。

参考《基因组的进化》（斋藤成也著，新曜社）第54页插图绘制。

生物进化史上的3次“基因爆发”

基因层次的进化与可以直观看到的生物形态的进化，这两者之间究竟有什么联系，直到今天仍然有许多不清楚的地方。专门研究这个课题的宫田隆名誉教授对5.4亿年前突然出现形态各异的大量生物物种（多细胞动物）的事件，也就是通常所说的“寒武纪生命大爆发”，产生了浓厚的兴趣。寒武纪生命大爆发指的是，在生命史上堪称独一无二的突然有众多不同的生物几乎同时诞生的一个时期。宫田名誉教授的看法是，在寒武纪大爆发的同一时期，大概也应该有大量新基因出现，也就是说，也应该有过“基因爆发”。

宫田名誉教授对多种生物体内的各种基因进行碱基序列对比，再利用化石研究所得到的数据推测这些基因可能

诞生的年代，结果发现了一种出乎意料的现象。被认为是寒武纪多细胞动物才具有的那些基因，早在寒武纪大爆发之前就已经通过先前的爆发式增长出现了。基因的这种爆发式的出现只可能是由基因重复和基因组重复引起的。

宫田名誉教授认为，在导致进化出人的这条进化路线上至少发生过3次基因的骤然增长，即基因爆发。先是在诞生真核生物（细胞内包含有细胞核的生物）的最初阶段，只有真核生物才具有的那些基因突然爆发式地大量出现。接着在10亿～9亿年前一段时期，再爆发式地出现了大量只有多细胞动物才具有的基因。此后，在5亿年前从无颌类动物（形态接近鱼类祖先的一类无颌生物）分化出鱼类的时期，又第三次爆发式地冒出了同制造脊椎动物特定组织有关的基因。正是有了这些基因，脊椎动物在其后才得以发展出多样化的组织和器官。

寒武纪大爆发的时期与只有多细胞生物才具有的那些基因爆发的时期在年代上并不一致。宫田顾问对此这样解释：“在寒武纪大爆发时期并没有新制造出多少基因，而是由于对已有基因的利用方式发生了改变，才实现了生物形态的多样化。”

在进化过程中利用基因的方式会发生变化，宫田名誉教授举出了晶状体蛋白的例子来加以说明。这种晶状体蛋白是用来构成动物眼睛晶状体的一种蛋白质（结构蛋白）。然而，晶状体蛋白在眼睛之外的其他器官中起到的却是酶（促进生物体内化学反应的催化剂）的作用。这说明，本来是在其他组织中当作酶使用的一种蛋白，在进化过程中，也被当作构成眼睛晶状体的材料来加以利用了。

翻译／王鸣阳

在产生人类的进化路线上出现的“基因爆发”

这里的跨页图解表现的是粗略的进化系统树（分化年代为推定值）和从单细胞生物进化至人类这条进化路线上发生的3次基因爆发。按照宫田名誉教授在1998年发表的假说，在进化出人类的这条路线上至少发生过3次基因爆发。寒武纪爆发与那以前的第二次基因爆发之间相隔了很长一段时间。

生命的材料是在海底形成的吗？

氨基酸在压力和热量作用下可以相互连接，形成简单的蛋白质

地球上最早的生命是如何诞生的？这是生命科学最大的谜团之一。组成生命的材料中最重要的蛋白质是由氨基酸连接在一起形成的。科学家对两种氨基酸分别进行加压加热作用，每种都成功地连接了5个氨基酸。这一成果支持在高压和高温的海底下制造蛋白质的可能性。

现在地球上的生命是由细胞构成的。人们认为，地球最早出现的生命是一个单细胞生物。

构成细胞的主要物质是具有各种功能的“蛋白质”、作为细胞膜材料的“磷脂”、记录蛋白质等信息的“DNA”(脱氧核糖核酸）以及在合成蛋白质时起作用的“RNA”(核糖核酸）等。

高温高压下，5个氨基酸相连

日本东北大学的挂川武教授和物质材料研究机构的谷口尚所领导的研究小组，通过对氨基酸加压加热，成功地将氨基酸连接起来。这一成果支持在生命诞生之前，氨基酸在高压和高温的海底下连接成蛋白质的可能性。这项研究发表于2011年10月18日的科学期刊《天体生物学》(Astrobiology）上。

研究小组将氨基酸粉末置于用金（Au）制成的小容器中，同时加热加压（1万～5.5万个大气压，180～400℃），反应1～24个小时。实验使用了“甘氨酸”和“丙氨酸”这两种氨基酸，每种都形成了5个氨基酸的短序列（寡肽）。

挂川教授认为，生命史最初的蛋白质产生过程如下：“沉积在海底的氨基酸在压力和热量作用下，连接起来成为蛋白质，在海底以下2～5千米的条件下（400～1500个大气压，100～400℃），这个过程可能需要1万～1亿年时间。实验设定了更高的压力和温度，从而缩短了时间。另外，当陨石撞击到海洋时，也会合成蛋白质“。

最初形成的是蛋白质吗？

在考虑最初的生命时，除了生命

蛋白质的形成过程（假说）

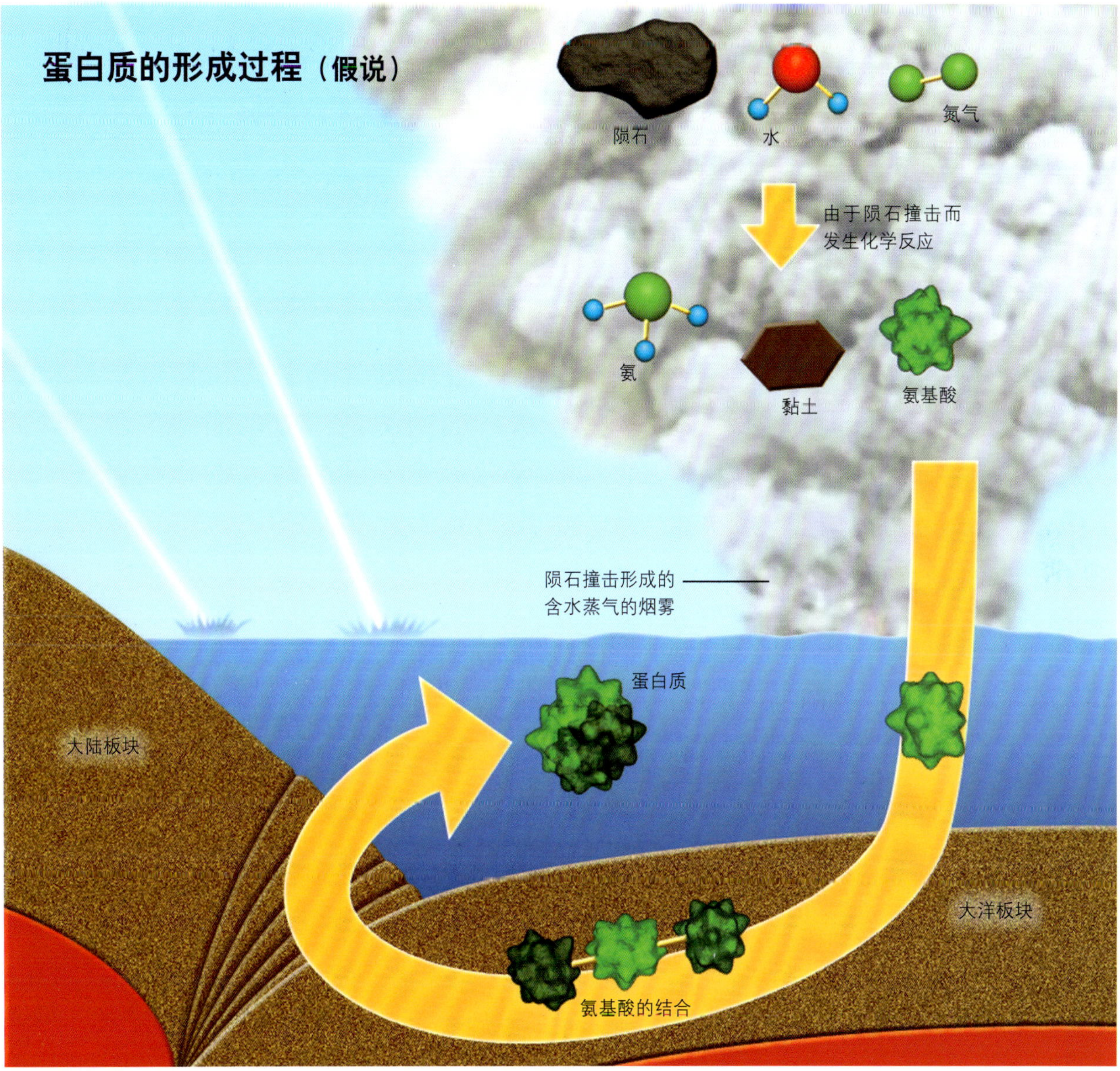

距今40亿～38亿年前，在海洋和大陆形成之后，陨石频繁撞击地球。氨基酸在陨石撞击时合成，并沉积到海底，在高温高压作用下相互连接后，就可能形成蛋白质。位于海床之下的蛋白质可能在海洋板块俯冲时，被大陆板块削出并溶入海中。

材料是如何形成这个问题之外，另一个问题是材料形成的顺序。

目前，多数研究人员支持RNA最早形成的“RNA世界假说”。根据这个假说，最早出现可自我复制的RNA（可能是一种被称为“核酶”的RNA）。然后，RNA被包裹到细胞膜中，再摄入蛋白质和DNA后，便诞生了生命。

对此，挂川教授认为：“我认为首先制成的是蛋白质，而RNA与蛋白质是几乎同时形成的。仅仅从核酶开始生命的一切不大可能。”与RNA相比，氨基酸和蛋白质在地球环境中更为丰富，容易形成具有各种机能的分子，所以在环境的演变中，蛋白质是可能诞生生命的。

形成更复杂的分子是一个挑战

目前生物使用的氨基酸共有20种，一个蛋白质含有数十乃至上万个氨基酸。挂川教授表示：“为了让更多人支持我们的理论，制造更复杂的分子很重要。”

生命并非诞生于海洋?

原始生命可能出现在陆地上的温泉地带

地球上的生命到底是在哪里诞生的呢？最近，生命起源于海洋的理论比较有说服力。然而，根据研究生命起源的阿尔缅・穆尔基詹尼安博士等人的研究成果，从细胞离子成分的比例看，很难相信生命是在原始海洋中诞生的。原始生命更可能诞生于温泉地区由蒸汽凝结而成的池塘和沼泽等区域。

原始生命被认为由以下物质组成：作为“设计蓝图”的核酸（RNA和DNA等），作为复制核酸“装置”的蛋白质与RNA，以及作为“围栏”包裹它们的脂质膜。一般认为，在这些物质蕴藏丰富的自然环境下，就能够诞生生命。

海洋不适合诞生生命?

哪里才是最初生命诞生的地方？答案有温暖的池塘或浅海等各种理论。特别是最近，海底热液喷口作为生命诞生地的理论很有说服力。但是，这个理论也存在一定的问题。

根据德国奥斯纳布吕克大学的阿尔缅・穆尔基詹尼安（Armen Mulkidjanian）博士等的研究，原始海洋与现代海洋一样，钠离子（Na^+）的含量要高于钾离子（K^+）。假设“原始生命与现生生命的细胞化学组成相同”，那如果原始生命诞生在海洋中，细胞中钠离子浓度理当高于钾离子，现生生命也应如此。但事实是，现生生命细胞内的钾离子浓度要高于钠离子。一些研究人员对于海洋的离子成分与细胞内成分比例如此不同感觉不可思议。基于此，穆尔基詹尼安等在《美国国家科学院院刊》（PNAS）于2012年2月13日在线发表的论文中宣布了解决这一矛盾的新理论。

温泉地带对于生命诞生正合适!?

穆尔基詹尼安博士等人在堪察加半岛等温泉地区测量了温泉水及其蒸气的离子成分。结果发现有些地方的蒸汽中的钾离子浓度较钠离子浓度更高。

现生生物基因组（生物全部遗传信息）的分析结果显示，生命的共同祖先使用了钾离子、锌离子和锰离子。这些离子在海水中含量很小，而在温泉地区则较多。作为核酸材料的磷酸根离子（PO_4^{3-}）也能以高浓度存在于温泉地区的水体中。这些因素完全符合生命诞生环境的需要。

从这些结果来看，生命并不是在原始海洋中诞生，而可能形成于温泉地区水蒸气凝结而成的池塘和沼泽。

海洋和陆地在诞生生命上的问题和优势

生命起源于海洋的理论还有一个问题。生命需要较高浓度的磷酸根离子以合成核酸。然而，离子在海水中会向四周扩散，因此很难以高浓度形式存在。相反，在温泉地带中，磷酸根离子以浓缩状态存在并不困难。

另一方面，陆地诞生假说也存在问题。在几十亿年前，陆地上有害的紫外线可能比现在更强。穆尔基詹尼安博士等解释说，通过用能吸收紫外线的硫化锌应该可以防止这种伤害。

生命起源方面的专家日本东京药科大学山岸明彦教授说：“生命诞生的最大问题是合成核酸，因此，磷酸等生命诞生所必需的材料需要浓缩，温泉地带能满足这些要素。紫外线本来是有害的，但也有报道称它可能用于陆地上核酸的合成。”

穆尔基詹尼安博士等人的研究强化了生命诞生于陆地的理论。围绕最初生命的谜题似乎还要继续。

生命在温泉地带诞生？（假想图）

合成核酸的要素

要素	温泉地带	海洋
磷	存在	存在
材料浓缩	容易	困难
反应条件	紫外线	热水

研究的着眼点

着眼点	温泉地带	海	生命
与钠离子相比的钾离子含量	多	少	多

图中显示了合成核酸的要素和研究的着眼点。根据这一研究，原始生命是在温泉地区由蒸汽凝结而成的水池等地诞生的。蒸汽中含有大量的钾离子，池中含有大量的磷酸根离子。

支撑进化的DNA的独特构造

使用DNA作为遗传物质使得进化加速？

尽管现生生命的遗传信息绝大多数记录在DNA中，但有理论认为原始生命的遗传信息主要记录在与DNA类似的RNA中。2009年10月，科学家发现生物多样性的重要成因“同源重组”现象仅发生在DNA中。遗传信息的记录媒介从RNA转换为DNA，有可能在生物多样性的产生中起到了关键作用。

从细菌到人类，几乎所有生物的遗传信息都记录在DNA（脱氧核糖核酸）中。DNA记录遗传信息的两条链形成被称为“双螺旋”的稳定结构。

得益于这种稳定结构，DNA可以正确保存和传递遗传信息。可是这种稳定使得DNA不容易发生突然变异，导致很难产生足够的多样性。基因突变正是生物多样性的驱动力。

不过，生物还有不通过变异而实现多样性的机制。这是一种将遗传信息“洗牌”的“同源重组”现象。

这种现象主要发生在卵子和精子的制造过程中。由于真核生物大多分别从父亲和母亲各得到一套略有差别的遗传信息，因此，细胞中同时存在着两组遗传信息。当发生同源重组时，两组遗传信息同源序列的一部分发生重新组合。结果就产生了与父亲和母亲不同的新的遗传信息，并且通过卵子和精子传递给下一代。

除了物种之外，DNA也以同样的方式变化

同源重组是一种在以DNA为遗传物质的生物中广泛发生的现象。这一反应取决于蛋白质，但并不仅仅是一种蛋白质。根据不同的物种和组织，有各种不同大小和结构的蛋白质参与其中。

日本理化学研究所的美川务专任研究员的研究小组使用介导同源重组的4种蛋白质，分析反应过程中DNA的结构如何变化。结果表明，尽管4种蛋白质的大小和结构不同，但其机制都是解开双螺旋与单链DNA结合，延长DNA并将碱基与碱基之间的间隔增加至1.5倍左右。间隔增加后，DNA的运动自由度增加，同源重组方可顺利进行。

“对于不同的物种和组织，反

DNA同源重组现象示意图

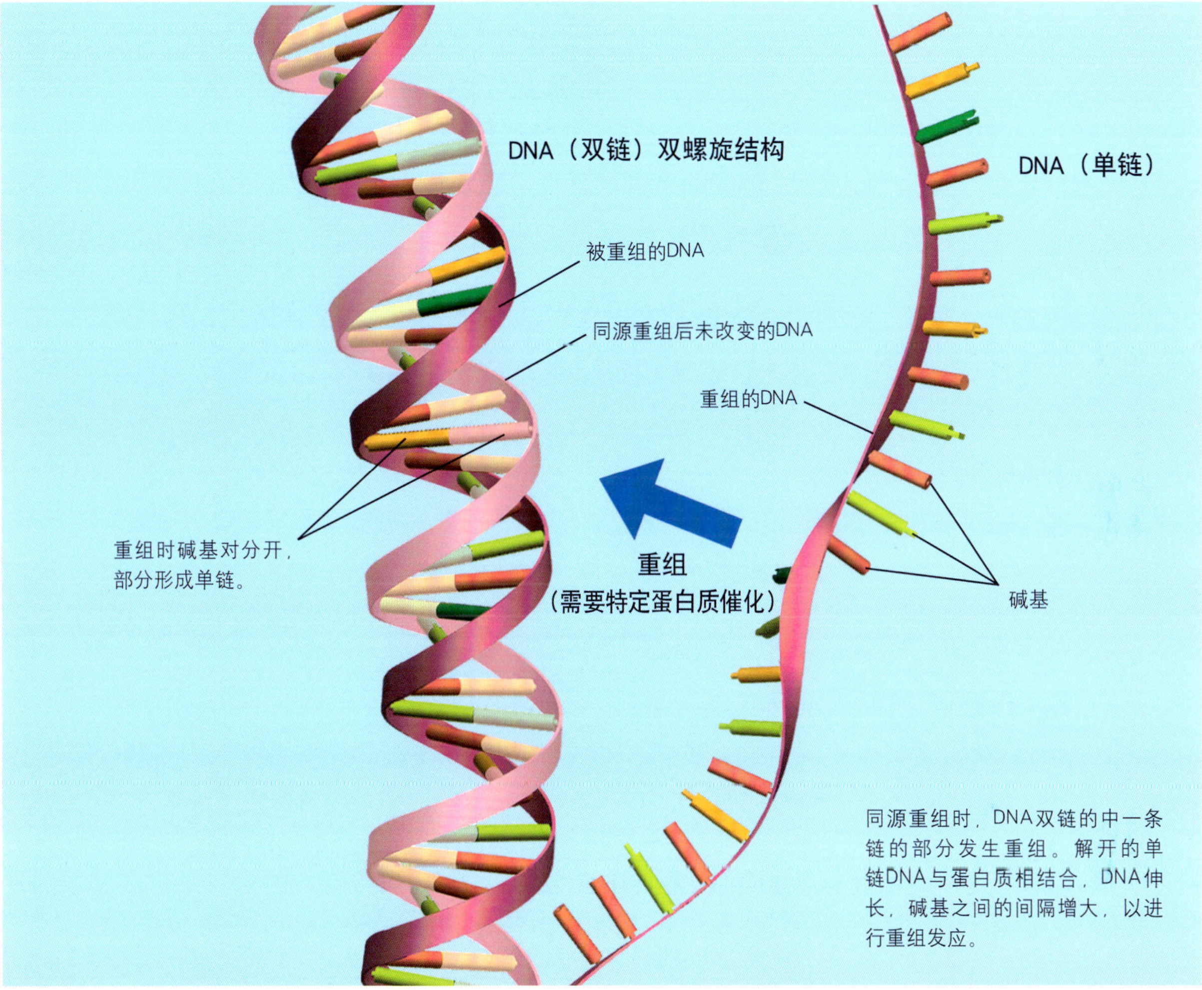

应的蛋白质可能不同。但在DNA上，我们发现同源重组反应的机制是相同的。”美川研究员说道。该结果在2009年10月30日在线发表于《生物化学杂志》(Journal of Biological Chemistry）。

获得DNA使进化加速？

美川专任研究员等还发现，RNA（核糖核酸）不会发生类似的立体结构变化。虽然它也能与蛋白质结合，但由于和DNA的轻微结构差异，使得它的碱基间隔不会伸长。

RNA具有与DNA非常相似的结构，有一种理论认为原始生命不是用DNA、而是用RNA记录遗传信息的。美川研究员认为：“使用RNA的生物获得DNA作为遗传物质后，能加速生命的进化，同时，DNA也能以更稳定的结构传递遗传信息。”

研究团队正开展进一步研究，希望更详细地了解容易发生同源重组的DNA部位的普遍性和同源重组更精确的结构等。 翻译／郑文杰

Newton 科学世界
典藏本
欢迎订购
淘宝扫码订购
微信扫码订购
大宇宙 典藏本
空间与时间，我们认识的宇宙，集于一册！
特别附赠：宇宙关键词手册
宇之章——从银河系一路漫步至宇宙的尽头
宙之章——从138亿年前的大爆炸畅想到
无限遥远的未来
相对论 典藏本
狭义相对论、广义相对论以及由此产生的现代物理学
相对论常常被认为是一种深奥的理论，但实际上，相对论的思维方式并不难。
狭义相对论
广义相对论
以及由此产生
的现代物理学
淘宝扫码订购
微信扫码订购
发行热线：(010) 64030316

《科学世界》典藏本上新啦！

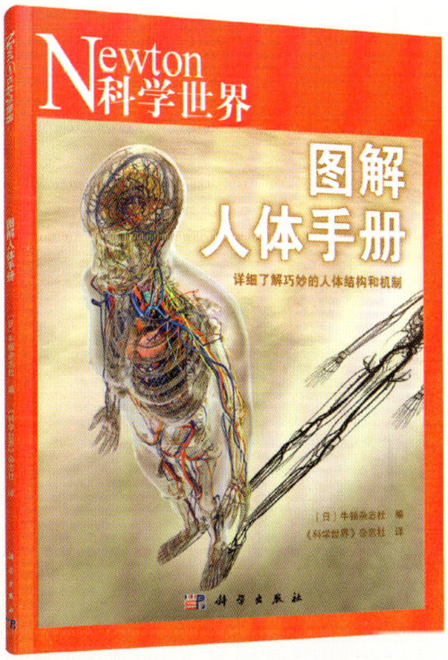

图解人体手册

详细了解巧妙的人体结构和机制！

- 生命健康所需要的**强健体格**是什么样的？
- 造成主要器官不同**疾病**的原因和症状有哪些？
- **胎儿**时期，**身体**是什么样的？
- **人类进化**过程中的有趣问题……

微信扫码可直接购买哦！

定价：88.00元

图解中学物理

深入了解物理世界的“规则”，掌握物理学习的“秘钥”！

- 物理的基本**力**和**运动**
- **热**、**原子**、**光**的真实“面貌”
- **光**和**声波**是什么？
- **电**和**磁**有着相似的本质

微信扫码可直接购买哦！

定价：78.00元

图解中学对数与向量

通过实例学习数学及科学研究所用的重要工具！

指数的威力

可以缩短数的书写，使计算变得容易
指数函数可表现剧烈的变化

掌握巨大数字的方法

实际感受大数的窍门
用来估算大约数量的费米问题

对数的世界

对数与指数互为表里
通过对数曲线得知“隐藏的变化”

向量与“场”

“内积”与“外积”的含义及计算方法
科学中必须用到的向量

微信扫码可直接购买哦！

定价：88.00元

本书为日文版《Newton 增刊》的翻译版

原版图书编辑人员

总编	水谷 仁
主编	高岛秀行
艺术指导	吉泽公纪
编辑	赤谷拓和

图片版权说明

83	Jonathan Antcliffe，J．William Schopf．1993．Science，260(5108)：640–646．
111	中川毅

插图版权说明

封面	宫本理惠子/Newton Press，Newton Press，小林稔
封二	Newton Press
18～12	Newton Press，黑田清桐，藤井康文，风美衣，立花一
13～17	小林稔，Newton Press，Ron Blakey/Colorado Plateau Geosystems（Arizona USA）
18～21	田清桐
19～43	（奇数页地图）Ron Blakey/Colorado Plateau Geosystems（Arizona USA）
22～25	Newton Press
26～27	黑田清桐
28～29	立花一
30～31	Newton Press
32～37	立花一
38～39	风美衣
40～43	Newton Press
44～45	小林稔
45	Newton Press
46～47	小林稔
47	Newton Press
48～57	Newton Press
58～59	小林稔
60～63	Newton Press
64～65	小林稔
67	Newton Press，Greg Retallack
69	小林稔
70～71	Newton Press，黑田清桐，藤井康文，风美衣，立花一
73	黑田清桐，Newton Press，Ron Blakey/Colorado Plateau Geosystems（Arizona USA）
74～75	Newton Press
76～77	Newton Press，黑田清桐，藤井康文
78～82	Newton Press
85	小林稔
86～157	Newton Press
94～105	Ron Blakey，Colorado Plateau Geosystems，Arizona USA
110	John Valley/University of Wisconsin
封三	Newton Press
封四	Newton Press